青少年心理品质丛书

主编：夏阳

# 不怕输才会赢

张俊红◎编著

新疆美术摄影出版社
新疆电子音像出版社

图书在版编目(CIP)数据

不怕输才会赢 / 张俊红编著. –– 乌鲁木齐：新疆美术摄影出版社：新疆电子音像出版社, 2013.4
ISBN 978-7-5469-3887-5

Ⅰ.①不… Ⅱ.①张… Ⅲ.①成功心理-青年读物②成功心理-少年读物 Ⅳ.①B848.4-49

中国版本图书馆CIP 数据核字(2013)第 071378 号

**不怕输才会赢**　　　主　编　夏　阳

| | | |
|---|---|---|
| 编　　著 | 张俊红 | |
| 责任编辑 | 吴晓霞 | |
| 责任校对 | 李　瑞 | |
| 制　　作 | 乌鲁木齐标杆集印务有限公司 | |
| 出版发行 | 新疆美术摄影出版社 | |
| | 新疆电子音像出版社 | |
| 地　　址 | 乌鲁木齐市经济技术开发区科技园路7号 | |
| 邮　　编 | 830011 | |
| 印　　刷 | 北京新华印刷有限公司 | |
| 开　　本 | 787 mm×1 092 mm　　1/16 | |
| 印　　张 | 15 | |
| 字　　数 | 213 千字 | |
| 版　　次 | 2013 年 7 月第 1 版 | |
| 印　　次 | 2013 年 7 月第 1 次印刷 | |
| 书　　号 | ISBN 978-7-5469-3887-5 | |
| 定　　价 | 45.00 元 | |

本社出版物均在淘宝网店：新疆旅游书店(http://xjdzyx.taobao.com)有售，欢迎广大读者通过网上书店购买。

目录

不
怕
输
才
会
赢

不
怕
输
才
会
赢

# 第一章　虽败犹荣：不怕输才会赢

　　生命不可能随处都遍布着鲜花，有些地方也会长出一些荆棘，在某个出其不意的角落里，但它们没有阻碍你寻求成功的打算，而是让你更加珍惜花朵的美丽芬芳。

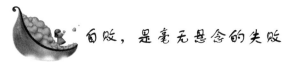

## 自败，是毫无悬念的失败

生命不可能随处都遍布着鲜花，有些地方也会长出一些荆棘，在某个出其不意的角落里，但它们没有阻碍你寻求成功的打算，而是让你更加珍惜花朵的美丽芬芳。

那些荆棘，我们完全可以勇敢地伸出双手将它们连根拔起，然后继续挺起胸、昂起头向前奋斗，也许你并没有注意到那些荆棘，不小心受到了它们的伤害，但是，那些小伤完全不会影响你继续前行，许多人只把它们当作成功路上别样的风景。但也有人在遇到了荆棘之后，不敢将它们拔起，却步，退缩，甚至让那些荆棘长到了自己心里。也许那只是假象，它们已经干枯了，但是你仍然不敢向前，让那些不复存在的挫折成了你路上无法跨越的障碍。

失败的人往往被自己心中的荆棘绊住了前进的脚步，也就是被自己打败。自败，是毫无悬念的失败。

奥地利心理学家阿德勒是个垂钓爱好者。在一次钓鱼中，他发现了一个有趣的现象：鱼儿在咬住鱼钩之后，常常会因为疼痛而疯狂地挣扎，越挣扎鱼钩就会刺得越深，更加难以挣脱。就算咬钩的鱼侥幸逃脱，那枚鱼钩也不会从嘴里掉出去。所以，钓鱼的人对于钓到嘴里有两个鱼钩的鱼一点儿也不感到奇怪。鱼儿的做法确实很愚蠢，阿德勒从这种现象当中提出了一个心理概念，就是"吞钩现象"。

每个人都会有些导致我们失败的过失，这些错误就像我们人生中的鱼钩，我们不小心咬住了鱼钩，然后不断地挣扎，但是却无法摆脱它，并且，这些过失会深深陷入内心深处，在下一次失败后，心理依然残留着之前鱼钩的遗骸。

对待失败的态度正是阻碍我们走向成功的绊脚石，真正打败我们的并不是荆棘，也并非鱼钩，而是自己面对挫折之后内心反复折磨自己而产生的阴影。

不怕输才会赢

人们往往无法面对某种不良后果，因为不想让那些自己不愿意接受的事实将自己内心的阴影激活，而这种对失败的恐惧正是导致人们无法进一步向成功靠近的障碍，不想激活心理阴影其实正是一种害怕失败的表现。

你担心会受到某些事情困扰而使自己受到情绪的折磨，而事实上这样的想法已经在折磨自己，因为你根本就知道某些情况，只是在强迫自己不去想起，但却又不可能不在乎，因此受到困扰。

事实上，你完全没有必要这样做，敢于面对失败，才有成功的机会，不承认失败的存在，就不可能成功。

美国作家诺拉·普罗菲特提及自己的写作生涯时，十分懊悔地说起了自己害怕失败而使她推迟了好多年才享受到成功的喜悦："正是害怕心理，让我付出了很大的代价，我的心血白白浪费……"

许多年前的一个晚上，普罗菲特在纽约观看了萨洛米·贝的首次个人演唱会。新秀萨洛米·贝的歌声舒展柔美，如行云流水，这让普罗菲特十分陶醉，那时候，她才刚刚开始尝试写作，很想对贝进行采访，写一篇关于贝的歌唱成就的文章。

为了防止碰壁，普罗菲特尽量让自己说话的口吻听上去像一名专业作家："贝小姐，我是诺拉·普罗菲特，我想写一篇文章介绍你的歌唱成就投给《幽香》杂志，我有机会约您谈一谈吗？"

普罗菲特只是刚刚开始尝试写作，她从来没有为《幽香》这样畅销的杂志投过稿，并且对萨洛米·贝的歌唱事业也一无所知。

"可以啊。"贝回答说，"我现在在录制唱片，那你就直接到我的工作室来吧，可以把你的摄影师带来。"

带摄影师？天哪，普罗菲特当时认识的人当中有傻瓜相机的都没有几个，她之前的热情在这时候无影无踪了。

贝继续说："我还可以将有名的《头发、公子和高速路》唱片的制作人高尔特·麦克德莫特介绍给你认识，那就这样，下周二见，可以吗？"

没有任何兴奋的感觉了，普罗菲特觉得自己的周围似乎没有空气了，她透不过气来。接下来的几天，普罗菲特查资料去了解高尔特·麦克德莫特是何许人，并且终于费尽周折地找到了一位现在小有名气的摄影师中学同学，苦苦哀求，那位同学才勉强答应了普罗菲特的请求。

终于，星期二那场紧张的采访结束了，普罗菲特顿时有一种解脱的感觉。接下来的整整七天，她将自己关在家里，并且不断提醒自己：你没有写作经验，不要欺骗自己，自己笔下的文章连小报纸都不会刊载，更别说那样有名气的杂志了！

采访稿就在这样的声音中完成了，普罗菲特将稿子装进信封并且在里面塞进去一个贴了邮票的空信封。当信投进邮箱之后她就在想，要多久会收到退稿信呢？

《幽香》杂志并没有让她等太久，三个星期后，普罗菲特就收到了信，果然是自己准备的信封，里面装着她的稿子，她立刻感到恼怒，后悔自己为什么那样不自量力，她还继续走作家这条路吗？普罗菲特立刻放弃了，她没有去看那些华丽委婉的退稿理由，将信丢进抽屉，想尽快忘记这一切。

后来，普罗菲特要搬到萨克拉门托去做推销员，整理房间的时候她看到了那封信，信封上是自己的字迹，她已经忘记了这封信，并且疑惑自己为什么要写信给自己呢？她打开信封，读起了信的内容。天哪，她当时头脑一片空白。普罗菲特女士：

你写的有关萨洛米·贝的文章十分精彩。我们还需要加上一些别人曾经对她的评论，请将其补充，立即将文章寄给我们，以便我们在下一期刊载。

害怕失败比失败本身更糟糕，这让诺拉·普罗菲特付出了巨大的代价，她的心血白费了，她的稿费泡汤了。更糟糕的是，这使她推迟了许多年才享受到写作的快乐。

许多失败都是像这样自己造成的，否定自己，对失败恐惧，因此失去了吹响前进的号角的勇气，隔断了我们努力的力量之源，破坏了我们追求梦想的热情。

没有人能将你打败，是那些荆棘和鱼钩羁绊了你，将它们从心里挖走，从体内清除，时刻勇敢地面对挫折，时刻激励自己前进，不久，你就会看到尘埃中开出的花朵正在向你微笑。

## 人生成败，全在于自己的抉择

具有坚强意志力的人，遇到任何艰难障碍，都能坚持自己的抉择，想方设法克服困难，消除障碍。

哈佛一贯注重培养学子养成正确对待失败的态度。盖茨从哈佛出来以后，对自己创立的微软的每一个员工灌输正确对待失败、尊重失败的思想，甚至提出："没有失败说明工作没有努力。"因此，在微软工作的人从不惧怕失败。他们将失败看做是任何事情走向成功的铺垫。在微软，只要遇到失败，接下来的不是进行批评、斥责或者评估损失，而是残酷无情的剖析过程，他们认为这是对失败的尊重。

失败的结果直接作用就是促使去尝试新的实现可能，也正是失败成就了微软一次次令对手胆寒的成功。用微软自己的话说："失败是成功的一种需要。"

史泰龙的父亲是一个赌徒，母亲是一个酒鬼。在这样的家境下，史泰龙的学业一无所成，不久就离开了学校，成了街头混混。

直到 20 岁的时候，一件偶然的事刺激了史泰龙，并使他幡然醒悟。他下定决心，要走出一条与父母迥然不同的道路，活出个人样来。

但是做什么呢？史泰龙长时间思索着：找份白领工作几乎是不可能的；经商，自己又没有本钱……最后他想到了当演员，因为当演员不需要过去的清名，不需要文凭，更不需要本钱，而一旦成功，却可以名利双收。但是他显然不具备演员的条件，长相就很难使人有信心，又没有接受过任何专业训练，不但没有经验，也没有这方面的"天赋"。

然而，在"一定要成功"的信念驱动下，史泰龙认为当演员是他唯一出头的机会，于是他决心在成功之前，绝不放弃！

于是，他来到好莱坞，几乎找了一切可能使他成为演员的人，

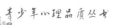

然后恳求他们给自己一次当演员的机会。

虽然一次又一次被拒绝，但史泰龙并不气馁，他把每次被拒绝的经历当作是一次学习的机会，并发誓自己一定要成功。然而不幸的是，两年一晃过去了，在遭遇1000多次的拒绝后，史泰龙身上的钱也花光了，仍然没能如愿。于是他只好在好莱坞打工，做些粗重的零活。

这时的史泰龙暗自垂泪，痛哭失声：难道自己真的就没有一丝希望了吗？难道赌徒、酒鬼的儿子就只能是赌徒、酒鬼吗？哭过了，史泰龙揩干眼泪，发誓一定要坚持下去，一定要成功！

史泰龙决定换个方法试试，于是他想到了"曲线求职"的办法：先写剧本，等剧本被导演看中后，再要求当演员。幸好现在的史泰龙已经不是两年多以前的门外汉了，两年多的耳濡目染，每一次拒绝都是一次口传心授，一次学习，一次进步。

一年后，剧本写出来了，他又拿去遍访各位导演。导演们认为他的剧本还说得过去，但要让他当男主角是绝对不可能的，他再一次被拒绝了。

他不断地对自己说："我一定要成功，也许下一次就行，再下一次，再下一次……"

在他一共遭到1300多次拒绝后的一天，一个曾拒绝过他二十多次的导演对他说：

"我不知道你是否能演好，但至少你的精神令我感动。我可以给你一次机会，但我要把你的剧本改成电视连续剧，先只拍一集，就让你当男主角，看看效果再说。如果效果不好，你便从此断绝这个念头吧！"

为了这一刻，他已经作了三年多的准备，终于可以一试身手。机会来之不易，他自然拼尽全力，全身心地投入其中。

这部电视剧创下了当时全美最高收视纪录——史泰龙终于成功了！

失败就像一条河，只有不怕河中的滔天巨浪，不怕在渡河中淹死，才能游到成功的彼岸。人们赞美游到彼岸的成功英雄，却经常忘记在失败的大河中泅渡的必要。

　　尽管我们说失败乃成功之母，许多道理都是成败对举，但着眼里都是成功，甚至整部《成功学》关注更多的也是成功。然而，从一种过程而言，从一种思维方式，一种实事求是的态度而言，充分地关注失败更有意义。失败是生命走向成功的必要投资。

　　就英雄本色而论，许多杰出的人物，许多名垂青史的成功者，他们人生的成败，并不是得益于旗开得胜的顺畅，马到成功的得意，反而是失败造就了他们。这就正如孟子所说的"天将降大任于斯人也，必先苦其心志，劳其筋骨，饿其体肤，空乏其身，行拂乱其所为，所以动心忍性，增益其所不能"。

　　一个人要有所成，有所大成，就必须忍受失败的折磨，在失败中锻炼自己，丰富自己，完善自己，使自己更强大，更稳健，这样，才可以水到渠成地走向成功。像苏秦搞六国合纵就是这样，像韩信找出路也是这样，像刘邦打天下，像刘备找安身立业的地方都是这样，还有像科学实验中科学家的反复试验。为着提炼稀有金属镭，居里夫人几乎耗尽了大半生的精力，而且这又使几代科学家的构想成真。这样的例子太多了。

　　一个人的失败是他人生必要的投资，经受失败，对一个人的成功显得十分重要。不要太计较自己人生中所遭遇的失败有多少，最后的成功者才是幸福的。

## 每个人都是失败与成功的聚合体

　　拿破仑说过："伟人的一生势必不幸。"期望越大，失望越大。在漫长的人生之路中，失败与挫折总是伴随着每个人的左右。古今中外的成功人士，没有哪一个不是在经历了风风雨雨，从失败走向成功的，因而每一个人都是失败与成功的聚合体。

　　人生就像一个战场，而你就是一名将军，要想在一次又一次的战争中获得胜利，就必须有百折不挠的坚韧。穷人最缺的，就是一颗坚强的心，一颗在打击和失败面前依然坚如钢铁的心。跌倒并不可怕，可怕的是跌倒后再也爬不起来。只要还能站起来，就还有希望，就可以继续前行。

有的人往往过于理想化，以为行动就能赚钱，投资就有收益，把所有的希望都寄托在奋力一搏上。这样，成则辉煌，败则灭亡。他们很少从实际方面去考虑事情的难易程度，考虑成功和失败的可能性各有多大，只想到成功后如何花钱。在这种只有进路没有退路的情况下，若是进路不通，就只剩下死路一条。也许他从来就没有想过会失败，更不会为失败作准备，既无物质准备的设想，又无思想准备的应变，一旦失败，就会措手不及、不堪承受，以致遭到打击，从此一蹶不振，消沉下去。

万事开头难，很多穷人刚开始致富时，由于从未经受过相关挫折的磨砺和锻炼，根本就不具备处理重大事件的能力和克服困难的勇气，不懂得化解危机的技巧，一点小挫折就会转化为大问题。因为他们不善控制局面，一步走错就会全盘皆输。不光穷人如此，富人也会有决策失误的时候。这就像是企业的危机公关，处理得好，就能"变废为宝"，使本来不利的影响反倒转化为有利的宣传，体现出企业的信誉；处理得不好，就会给企业带来毁灭性的损失，一个企业因为一件小事而砸了牌子，现实中并不少见。

富人致富的道路也是崎岖不平的，任何追求富有的行动，都必须经历了无数次失败的打击。即使是一个富有的人也是会犯错误的，犯错误就会导致失败，就会遇到挫折。但是，成功追求到富有的人对待失败和挫折的态度与穷人是不同的，他们把自己的每一次失败都当做一个学习过程，他们把亏损看成是交学费，把挫折看做是练本领。富人从来不把失败当做打击，把困难视作阻力，在他们看来，这都是必须经历的过程。

错误使人成长，挫折使人进步。套用古人的一句话：人非圣贤，孰能无过？但如何面对过错和失败，就是人与人之间产生差别的重要根源。富人的成功得益于挫折的训练，错误的培养。没有经历过多少挫折的暴发户，其事业和财富就很难持久稳健地发展。

对富人来说，挫折是一种最好的学习方式和途径。从实践中得来的经验才是最宝贵的，经历的挫折越多，积累的经验也就越多。

不怕输才会赢

致富是讲究方法的，经验就是知识，经验就是方法，经验就是致富的模式，掌握了致富的模式才是真正的富人。这样的富人无论胜负输赢都不会再度沦为彻底的穷人。能力是需要训练的，挫折、困难就是培养人能力的最好学校，从这所学校锻造出来的富人才是真正的财富英雄，才会具备创造财富的能力，他们就不再是靠投机取巧碰运气发财的暴发户了。

吃一堑，长一智。每一次失败，都能让富人积累一笔新的财富，都能帮富人找到一条新的致富思路，让他们获得更多希望的火种。

韩国三星集团的创始人李秉哲，第一次创业是与自己两个朋友合伙，每人投资1万元，在当时的港口城市马山开一家磨米厂。然而由于没有经验，进货价过高，加之对中途的成本控制不到位，同时，加工技术也不过关，导致销量不好，一年经营下来，亏损率高达70%，磨米厂面临倒闭的危险。其中一位朋友立即提出卖掉厂子以收回成本。李秉哲却想：第一次尝试，肯定会存在许多问题和不足，失败和挫折是在所难免的，即使去做别的行业，也不能保证第一次就能成功。于是，他力劝对方再坚持一年，并且与其定出协议：如果再次亏损，由他个人负责偿还对方的投资；如果这次赚钱了，对方享有同等的收益权。

事情定下来之后，李秉哲总结经验，由他亲自去粮食批发站进货。在这个过程中，他发现了粮食批发站的价格规律，就尽量选择在低价期进货。并且，他还聘请了当地一位在磨米厂工作过的老师傅当技术指导，提高米的质量。同时，不定期推出一些购米优惠措施，使销量大增。这一年，磨米厂净赚了5万，在还清了第一年的债之后，每人还分得了1万元。这使李秉哲大受鼓舞，他的财富生涯就是由这样一家"死里逃生"的磨米厂开始起步的。

人们在社会中生存，就必然会遇到这样或那样的挫折。在市场经济大潮中，人的活动与交互关系越来越频繁，越来越复杂。这一变化在激发人们多种多样的动机和目标的同时，也增加了个体人生挫折的概率。

"失败是成功之母，苦难乃人生财富"。面对人生挫折，人们无不希望变挫折为坦途，赢得人生辉煌。但要战胜挫折，关键在于自

9

身的发愤图强，努力奋斗。其本意在于引导人们对挫折认真总结，吸取人生教训，科学地调整自己，积极寻求战胜挫折的方法。这样，挫折就如同人生的良师，引发我们变坏事为好事，一步一步走向成功。

任何一个成功人士，都是从挫折和失败中摸爬滚打出来的。在失败和不幸面前，富人们选择了发愤图强之路，奋起与人生的逆境抗争，紧紧抓住命运的机遇，做生活的强者，通过自己的艰苦奋斗，最终赢得自己富有的人生。

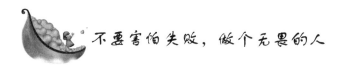

**不要害怕失败，做个无畏的人**

心理学上有一个著名的"瓦伦达效应"。瓦伦达是美国一个著名的高空走钢索的表演者，他在一次重大的表演中，不幸失足身亡。他的妻子事后说，我知道这一次一定要出事，因为他上场前总是不停地说，这次太重要了，不能失败，而以前每次成功的表演，他总想着走钢丝这件事本身，而不去管这件事可能带来的一切。后来，人们就把专注于事情本身、不患得患失的心态，叫做"瓦伦达心态"。

在现实生活中，人们做任何事情，总是想得太多，太在乎事情所带来的后果，太在乎别人的闲言碎语说三道四，在乎现在和未来的一切，可我们恰恰忽略了事情本身。我们的大脑成天被各种欲望塞得满满的，身体被压得气喘吁吁的，在这样的重荷下，我们只能总是偏离预定的轨道，离成功越来越远！

一个孩子在参加完学校的长跑比赛之后，垂头丧气地回到家里，一进门便蒙着头躲回自己的卧室，跟谁都不说话。母亲见状，温和地询问他："你是输了还是没有赢？"

母亲的问话让心情沉郁的儿子笑了，他反问道："输跟没有赢有什么区别吗？"

"当然有区别了，而且有很大的区别！"母亲满脸认真地回答道，

"你要承认你输了那你就是真正的输了，而且它带给你的伤痛会伴随你很久；但你要是说你只是没有赢的话，那表示你并不是真输，只要你振作精神奋起反抗的话，成功其实就在前面等着你，而现在的'输'只是一个小挫折。这是个很重要的问题，所以，我想知道你是属于输了还是属于没有赢。"

听完妈妈的话，这个孩子并没有立即回答，思考很久之后，他才仿佛下了很大决心似的说道："妈妈，我不是输了，我是没有赢。下次，我一定会继续努力的！"在下次的比赛中，男孩果然夺得了第一名。

"失败"这个词，在任何人的生命里，都和消极、痛苦的情绪脱不开干系。在我们的生活中，很多人都习惯于把自己现在不尽如人意的状态归结到曾经的失败之上，但是，失败其实根本就没有改变一个人人生境遇的力量，能改变人生的，只有人心。所以，人生最大的困境并不是遭遇失败，而是不敢面对失败、不愿意承认失败并且以自暴自弃的心态去应对失败。

有一个名叫爱宾·艾伦的年轻女孩，她通过自己的努力进入了一家规模和影响力都很大的保险公司。在初入公司的时候，她只是一个普普通通的小职员，每天做的也都是些收发文件和接听电话之类的杂事。

新人艾伦虽然没有受到人们的重视，但这个将兢兢业业作为自己人生座右铭的女孩儿却通过不断的努力，将每一件微不足道的小事都做到最好。她的勤奋和敬业都被上司看在眼里，渐渐地，她获得了一个新员工所能获得的中级职位。

一天，公司市场发展部的负责人突然找到她，然后告诉她，鉴于她到公司之后的表现，公司上层觉得她是一个既勤奋又有极强能力的难得人才，所以决定将安大略省的全部保险业务都交给她全权负责。对一个初入职场不久的新人来说，这是个天大的机会，但对艾伦这样一个缺乏足够人生经历和实际经验的年轻人来说，却是个极大的难题和挑战，因为在这之前，她从来就没有参与过整个省份的保险业，更别说是做负责人了，而且她还得对公司在整个安大略省的长远规划进行部署和统筹。公司能将如此重大的职位授予她，

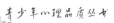

既体现了对她的信任和重视，同时也将一个重担压到了她身上。

在这样的压力前，艾伦犹豫了，她不断地问自己："我真的有能力将这项工作完成吗？万一失败了，我肯定会失去现在所拥有的这一切。那一天如果来了，我真的能承受吗？"这样的念头一出现，她内心好不容易才燃起的热情就被全部浇灭了。艾伦很郁闷，因为她无法赶走内心的恐惧和担忧。

朋友的一番话却让艾伦茅塞顿开，朋友说："机会已经摆在你面前，你真的想去做吗？你如果想去做的话，在开始动手之前就不要花费时间和精力去思考那该死的结果，也不要急着畏惧和害怕。不敢开始的人，注定永远平庸。只有无畏的人，才能冲破心魔，获得成功！"

做个无畏的人！艾伦怀着这样的想法接受了工作并投入进去。慢慢地，她克服了自己之前的恐惧和担忧，在坚定了把事情做好的决心之后，她又恢复了以前那副自信又努力的样子。她在新事业上投入了所有时间和精力，也因此取得了成功。现在的爱宾·艾伦，成了加拿大最大的保险公司——哥伦比亚保险公司的董事长和总经理。

人们之所以害怕失败，并不是不敢去争取，而是害怕失去现在所拥有的东西。在这种悲观情绪的主导下，人们便无法看到在远方等待自己的成功。勇气和自信是获取成功的基本要素，而害怕失败的人，却在犹豫和反复斟酌中将这两种品质丢弃。

害怕失败的人不能及时地抓住机遇。这类人在机遇面前总是谨小慎微、左顾右盼，总是想在事情发生之前就将可能出现的所有困难尽数掌握，可机遇在很多时候就像是天空中划过的流星，虽然美丽，但却转瞬即逝，很多人便在这样的犹豫和反复中错失良机。

害怕失败的人不会为成功倾尽全力。这类人很看重失败带给他们的严重后果，所以，为了减轻失败带给自己的伤害，他们在为成功努力时，也会为以后"留一手"，在时间、精力和金钱等方面就不会全情投入，而是保留一部分，所以，投入的不足就会让成功变得渺茫起来。

害怕失败的人很容易半途而废。成功的过程是不可能一帆风顺的，其间，一定会出现各种各样的反复和转折，但这样的小挫折和小打击在原本就害怕失败的人看来，却是灭顶之灾，他们很容易因为承受力不足而将马上就要实现的事情半途而废。

其实，人生就是一场没有硝烟的战争，刀枪剑戟本就猝不及防，你还要防备那些时不时就射向你的暗箭。人生充满了艰险，但只要穿越这些艰险，你的人生就会变得明媚。

美国历史上最伟大的总统亚伯拉罕·林肯一生经历过诸多磨难，但他总是能从失败中一次次站起，然后又不假思索地投入到下一次的努力中。生活带给他很多苦痛和不如意，但生活却没有辜负他的努力，最终，林肯还是实现了自己的理想。

失败并不可怕，他在带给你苦痛的同时，也磨砺着你的信心和勇气，所以，不要害怕失败，做个无畏的人，拿出勇气和信心，忍过喧嚣，熬过逆境，风雨之后的彩虹才会更加绚烂。

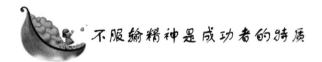

## 不服输精神是成功者的特质

具备不服输的精神是成功者的特质，只要是他们认准了的事情，他们就会一往无前走下去，以他们的坚毅和顽强，创造出巨额财富，最终获得成功。

"塑胶大王"、中国台湾塑胶企业首脑王永庆是中国台湾的巨富之一。他所经营的塑胶、纤维和合板等行业共有十多家分公司，资产总值20多亿美元。但在很多年以前，王永庆不过是一家米店的打工者，家贫如洗。

那么王永庆是如何成功的呢？一次，在美国华盛顿企业学院演讲时，王永庆谈到了他一生坎坷的经历。他说："先天环境的好坏，并不足奇，成功的关键完全在于自己的努力。"

15 岁时，王永庆小学毕业后被迫辍学，一个人背井离乡，来到中国台湾南部的一家米店做小工。聪明的他每天在完成送米的工作外，还悄悄地观察上司怎样经营米店，学习做生意的本领。一年后，

16岁的王永庆请求父亲帮他借了200元做本钱，自己在嘉义开了一家小米店。开始经营时困难重重，因为附近的居民都有固定的米店供应，王永庆只好一家一家去走访，好不容易才争取到几家住户同意试用他的米。王永庆知道，如果服务质量比不上别人，自己的米店肯定会关门。于是，他全力以赴，在"勤"字上下工夫。他把米中的杂物一粒一粒拣干净，有时为了一分钱的利润宁愿深夜冒雨把米送到客户家中。他的服务态度使客户非常满意，他们主动替他宣传，介绍新的客户。接着，王永庆为了改善纯粹卖米的困境，自己开设了一家碾米厂。当时他的隔壁也有一家碾米厂，而且条件比他的碾米厂要优越许多。为了同这家碾米厂竞争，他每天工作十六七个小时，最终在业务上胜过了对方。

20世纪50年代中期，王永庆已经成为富甲一方的大商人，但他仍不满足，仍在全力以赴地奋斗着。他看到烧碱生产过程中有70%的氯气弃而不用，十分可惜，就打算废物再利用，于是便筹集了50多万美元，创建了中国台湾第一个塑胶公司。

塑胶这一行业对王永庆来说是完全陌生的，当时有一个化学家还讥笑他肯定会破产。但王永庆认准了就绝不放弃，他发誓要把塑胶事业做成功。当时日本生产的塑料粉充斥中国台湾市场，质量好价格低，中国台湾生产的塑胶产品很难与之匹敌。这时候，一些股东们心灰意冷，纷纷要求退股，台塑公司面临着夭折的危险。但在这个时候，王永庆的信念毫未动摇，他变卖了自己的所有产业，毅然购买了台塑公司的所有产权，独立经营。王永庆分析了台塑公司不景气的原因，认为除日本产品的竞争外，还由于中国台湾地区所需量极为有限，而台塑公司的产品则明显供过于求。面对困境，王永庆果断决定继续增加生产，他认为，大量增产可压低生产成本及售价，从而吸引更多的岛内外客户。在增加产量的基础上，王永庆筹集资金70万美元更新设备，改造生产技术。经过全力以赴、艰苦卓绝的努力，王永庆终于如愿以偿，达到了增加产量、提高质量、降低售价的目的，逐渐打开了岛内外市场。

台塑公司之所以成为中国台湾最大的民间综合性企业，根本原因在于王永庆对信念的坚持。他奋斗不懈，全力以赴，一步也不放松，一点也不偷懒。王永庆后来说："管理合理化的过程是艰难的、缓慢的，但效果却是根本的、无限的。要懂得这些道理并不难，问题是人的惰性往往在不知不觉中引导人们追求舒服的、易行的经营方式；又由于惰性使然，在因循苟且之间存在天真的幻想，耽于表面的功夫，这种心智的障碍比科技的落后更可怕，更无可救药。"

王永庆的全力以赴终于有了收获，台塑公司每年的营业额超过了 1 亿美元。同时，随着计算机的逐渐普及，王永庆又同美国惠普科技公司合作创建了计算机软件公司，向信息产业进军。对于成功者而言，他们做任何事都会有坚定的信念，有双肩挑泰山的勇气，这正是他们赢得财富的一大资本！

在事业处于低潮或是困难面前，成功者会选择不服输的人生态度，与其让自己陷于深渊而痛苦，不如认可眼前的现实，充分发挥自己的主观能动性，寻找新的路径，从现实中找到新的突破口，改善方法，进而推进事业的最后成功。这时，他们又惊喜地发现自己已经突破了固有的解决问题的方法，在工作中遇到的种种困难反而使他们开辟出了全新的思路，掌握了全新的技能，使自己在战胜困难的过程中得到升华。

 永不言败的人，才能最终成功

现代人生活在紧张的竞争氛围中，生活在不良的环境里，首先就应该学会超脱，学会自寻快乐，这样才能保持良好的心态，轻松愉快地生活。这样做的目的，就是要学会永不言败。只有永不言败的人，才能最终取得成功。

大部分人一生中都不会一帆风顺，有的人成功之后可能还会遭遇失败。在普通情形下，失败一词是消极的，但对于执著追求成功的人而言，失败和成功并非泾渭分明，失败是成功之母，成功是失败之子。看似是失败的，也许只是取得最终成功的一个重要环节。如果在这时选择了放弃，就是真的失败了。

15

失败会给人带来很多消极的影响。失败使人沮丧，使人丧失勇气，严重者一蹶不振，这是从消极方面说。但是，事情永远不会只朝着单一方面去发展，失败有时也会催人奋起，会激起人更大的决心和能耐，从而实现更加辉煌的成就。

永不言败，并不是不承认失败。其实恰恰相反，在追求成功的道路上，我们应该更清醒地看到自己的失败，这样我们才能对自己的荣辱得失有更深入的认识，也才更容易取得成功。但是，我们也不应该被失败吓倒，在失败面前失去继续走下去的信心和勇气。永不言败的内涵就是不怕失败，只有不畏惧失败，才能越过失败，走向成功。

"阿迪达斯"是一个享誉世界的大品牌，但它的发展也并不是一帆风顺的。20 世纪 20 年代，"阿迪达斯"的创立者阿道夫·达斯勒出生在德国巴伐利亚洲法兰克福地区的一个小镇上，父亲是一名鞋匠，母亲在洗衣房工作。

他的家庭并不富裕，仅能维持一般的生活而已。阿道夫和哥哥鲁道夫都没有接受过正规教育，从小便受到父亲的影响，喜欢上了制鞋业，并立志要以此为生。

最初，兄弟俩利用母亲的洗衣房开了一家小制鞋厂，由弟弟阿道夫负责设计，鲁道夫负责销售。凭借聪明才智和吃苦耐劳，兄弟俩的小制鞋厂可以勉强维持生计。但是阿道夫并不满足，他认为这绝对不是他们的目标，他们的目标是要开设一个世界著名的跑鞋生产公司。为了朝这个方向迈进，阿道夫潜心研究，陆续设计出了 14 种样式新颖别致的跑鞋，并且打破常规，不坐在家里等着买主上门，而是由兄弟俩亲自出外兜售，这样，他们的制鞋厂慢慢扩大了影响。

有了一些资本后，兄弟二人在 1920 年终于办起了自己的制鞋公司，他们把生产的跑鞋命名为"达勒斯"，这便是阿迪达斯品牌的前身。公司仍然由阿道夫（家人称他"阿迪"）负责产品设计，鲁道夫负责销售。这一时期，兄弟二人齐心协力，公司影响日渐扩大，在当地逐渐小有名气。1928 年，达勒斯跑鞋正式成为阿姆斯特丹奥运会的比赛用品。但是制鞋厂的规模毕竟还小，产品也缺乏足够的知名度，小本经营终究不是他们的目标，他们只能一边苦心经营，

一边等待着新的机会。

机会终于来了。1936 年，柏林奥运会在即，兄弟俩得知参加本次赛事的美国著名短跑运动员欧文斯极有希望夺得冠军，就说服欧文斯同意在奥运会上穿着阿道夫新设计的钉子跑鞋参赛。最终，欧文斯在本次奥运会上连得四枚金牌。人们在目睹了明星风采的同时，也记住了明星脚下三叶草图案的达勒斯跑鞋。达勒斯跑鞋一夜成名了，阿道夫的事业从此走出了小小的制鞋厂，走向了世界。

柏林奥运会后，阿道夫兄弟再接再厉，不断设计出新的跑鞋，没多久，世界杯参赛队的队员脚上都穿上了以"三叶草"为标志的跑鞋，产品的销售量大增。

就在阿道夫兄弟事业如日中天的时候，一桩丑闻几乎将他们苦心经营的一切毁于一旦：1948 年，在伦敦举行的第十四届奥运会马拉松比赛中，比利时选手阿尔巴斯巴克正奋力奔跑在赛场上，并一路遥遥领先，就要到达终点时，他脚上的达勒斯跑鞋鞋帮却突然断裂，致使眼看就要到手的金牌白白丢掉了。这一事件使"达勒斯"遭到了致命的打击，一时间销售量大减。

阿道夫面对这一沉重打击，却异常冷静。他认为，当务之急是想办法弥补已经造成的损失。为了挽回公司的名誉，阿道夫兄弟决定不惜血本把已经销售到世界各地的跑鞋全部收回，无论鞋穿到何种程度！并对由此给世界各地的跑鞋经销商带来的一切经济损失予以全部赔偿。与此同时，他们加强内部管理，严格把住质量关，优化服务，全方位提高了公司职工的素质。

阿迪公司这种不敷衍、不掩饰，而是老老实实地承认，并以最迅速最有效的形式进行处理的态度赢得了顾客的信赖。经过一段时间的努力，公司终于挽回了声誉，销售量开始回升。

1949 年底，阿道夫根据家人对他的昵称"阿迪"和他姓氏中的前三个字母，把公司更名为"阿迪达斯"，取代了原来的"达勒斯"。阿迪达斯公司正式成立了。由于阿道夫的辛勤付出，阿迪达斯的名气越来越大。阿道夫还利用各种机会树立"阿迪达斯"的品牌形象。

1954 年在瑞士举行的世界杯足球赛，也注定要成为"阿迪达斯"创业史上一个重要的里程碑！这一天，联邦德国队和匈牙利队要进行决赛。联邦德国队队员穿的是阿道夫新设计的一种"铁血战靴"运动鞋。这种鞋底的鞋钉，能够更牢地抓住地面，并且可以根据人体的着力随时改变运动方向。即使在泥泞的草地上运动员也能随意奔跑，不容易滑倒。比赛开始了，赛场上队员们腾挪跳跃，争夺激烈，场下观众群情激昂。比赛正在难解难分之时，突然下起了大雨。比赛不得不继续在雨中进行。大雨滂沱中，人们惊奇地看到，足蹬"三叶草"图案球鞋的联邦德国队员们依然健步如飞，把球技发挥得淋漓尽致，而匈牙利队的球员们却被陷入到泥泞的草地里步履维艰，水平无法发挥。比赛结束，联邦德国队战胜匈牙利队，夺得了世界杯。"阿迪达斯"由此享誉世界。

"哪里有世界冠军，哪里就有阿迪达斯！"利用体育明星创品牌成为阿迪达斯为门己扬名的一贯做法，而事实上，这种方法也确实取得了巨大的效果。现在，"阿迪达斯"已经成为享誉世界的运动鞋品牌。

纵观阿道夫的境遇，如果他没能在一次次失败中迅速站立起来，那么我们今天就不会看到"阿迪达斯"这个品牌。其实，对于我们每一个人来说，永不言败都是有其实际意义的。

有人说，失败是大自然考验那些成功者的，使他们能够获得充分的准备，以便创造属于他们的辉煌。失败，能焚烧成功者心中的垃圾，使他们能够经受得住更加残酷的挑战。但这是有条件的，就是一定不能被失败战胜。只有战胜了失败，才能成为真正的强者。

《老人与海》中有一句话："英雄可以被毁灭，但不可以被击败。"面对失败，我们应该有无所畏惧的勇气和百折不挠的意志。不要计较我们多少次从地上爬起来继续前行，即使我们一百次扑倒在地，也要一百零一次站起来。即使已经一无所有，也要有继续尝试的勇气。只有自己从失败中走出来，才能让失败成为成功的垫脚石。

## 惧怕失败，是创业的大忌

一个人的创业之路注定是风雨兼程的，因而创业不要怕失败，最多也就是从头再来。不怕失败是创业者最大的本钱，因为不惧怕，所以输得起，勇敢地为事业打拼，最坏的结局也不过是一切再从零开始，重新创业。

每个人在创业的任何阶段都会遇到各种各样的困难，一旦遭遇困难，要做的就是不抱怨，不放弃，不怕失败，努力想用怎样的方法才能恰当地解决问题，继续在创业之路上顽强前行。

不怕失败并不意味着莽撞和盲目，要创业就必须先为自己树立起明确的、适合自己的创业目标。

人称"辣椒皇后"的陕西省宝鸡法门寺天马贸易有限公司董事长赵凤侠，她成功的经验就是："不要害怕失败，一分耕耘必能获得一分收获。"

1984 年，赵凤侠组织村上姐妹利用农闲时间在西安市、宝鸡市的小百货批发市场做服装毛线生意。商海中的磨炼让赵凤侠意识到，当代女性不但要自己致富，还要带动更多的乡亲共同致富。于是，她招收了近百名家庭困难的农村妇女，白手起家创办了刺绣厂，一开始生意还不错。从此，赵凤侠的胆子更大了。

1986 年，她做起了辣椒购销业务，屡次只身下江南，将陕西辣椒打入江西市场。在推销的过程中，因为不了解当地的市场行情，赵凤侠遭遇了多次失败，但她毅然克服了诸多困难，不断地收集整理市场信息，闲暇时阅读各类书籍补充相关知识。她还带领公司员工跑遍了湖南、江西、天津、四川、广东、新疆等省市和本省的十多个县、市的辣椒市场。2001 年，赵凤侠以西部大开发为契机，和外商签订了销售 4000 吨辣椒的合同，并引进先进的技术设备在全省建成首家自动化辣椒烘干生产线，使辣椒种植、收购、加工、销售一条龙服务体制更加完善，大大提高了辣椒生产的质量，从此，她

第一章 虽败犹荣：不怕输才会赢

19

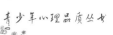

的事业才算顺利起来。

如今，她的公司年销售辣椒 7600 多吨，每年季节性安置农村闲散妇女 4100 多人，年创利税 600 多万元，取得了良好的经济效益和社会效益。

赵凤侠这一路走来，有过很多挫折和失败，但她从未放弃过，依然带着村里妇女们行走在这条荆棘遍布的希望大道上。

一个人要想获得创业的成功，必须正确面对失败，学会用信念去拼搏。只要用心奋斗，抱着大不了从头再来的信念，总有一天会打开成功的大门。

残疾人艺术家阮文龙正是借着创业历程中的一次次失败，开创了自己的事业，成为残疾人自强创业之星。

3 岁时阮文龙因患小儿麻痹症成了肢残人，初中未毕业就因贫困休了学。但从小酷爱美术的他参加了当地美术培训班的学习，后又辗转于杭州、新疆等地。他当过油漆工，干过美术装潢，生活的磨砺始终无法改变他对艺术的痴心。积累经验后，他白手起家在家乡创办了一家装潢厂，做得有声有色。但阮文龙不甘于此，他想报考中国美术学院深造。1993 年，凭着惊人的毅力，他叩开了中国美院的大门，成为成教学院的一名大学生。读书期间，他带着全部积蓄，开始了在杭州的创业——他开了一家照片彩扩店。然而当他把全部的投资变成彩扩设备后，由于不了解市场，半年时间就亏损了 5 万多元。

虽然遭遇惨败，但阮文龙没有放弃，他总结经验，继续寻找商机。2000 年 9 月，他创办了杭州亚龙雕塑艺术有限责任公司和中国第一家民办的城市雕塑设计研究院。30 万元的启动资金和 7 名员工，阮文龙就这样再次走上了创业路。但热情并不能带来商机，3 个多月的时间，公司没有接到一单生意，这让他感到了莫大的压力。但他仍然充满了希望，并用自己坚强的毅力和对艺术的执著赢得了临安市中心和平鸽雕塑的建筑订单，在建筑的过程中，他精益求精的工作态度，感动了不少客户，也为他的公司带来了成功的机遇。

如今，他的公司已经为全国 170 多个城市设计和建造了城雕。

阮文龙的成功要感谢那些不堪回首的创业经历，正是这一段段的弯路，让他在历练中走向成熟，最终找到了自己的方向。

创业的人注定要尝遍人生的酸甜苦辣，创业就意味着要坚定不移地树立自己的信念，意味着要有不动摇、不怕失败的胆识，用过人的毅力燃烧载满希望的征途。

目光短浅、惧怕失败，是创业的大忌，这样的人最终将无所作为。虽然我们自己的创业之路到底有多长、有多苦，我们看不到。但对于自己的选择，一定要坚持到最后，有坚定的信心才能不怕失败，即使跌倒了，一切重新开始，也能勇敢地坚持向前走。当我们最终战胜自己，走向成功时，才会发现原来正是因为一次次的失败，才有了后来的成功！

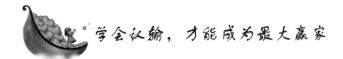

## 学会认输，才能成为最大赢家

学会认输，才能成为最大的赢家。学会认输，是为了让我们避开无意义的坚持，避开没有必要的争端，避免无谓的浪费，从而以退为进，赢得转弯后的胜利。懂得认输，不是盲目的行为，需要理智清醒地想好退路。有时认输并不代表懦弱和妥协，生活中谁都不可能保证自己是永远的赢家，这时如果不认输反而会让自己陷入进退两难的境地。只有认输，才能保存实力。

在人们固有的意识中，常常认为不认输者是好样的，听惯了这些词汇：百折不回、坚定不移、永不言败……却鲜有人赞颂认输者，"认输"这一课没有哪个学校开设，但这一课人人都应该学会。

生活中，不认输的精神当然很可贵，但不认输并非放之四海而皆准，很多时候，认输才是明智之举。只有懂得认输，学会认输，才可能是最后的赢家。

其实认输就是适时地放弃，放弃了不适合的才能作出更适合的选择，才有机会获得成功。这样的放弃，其实是为了得到，是在酝酿着新一轮的成功，绝不是没有定力的三心二意。

有一位医术精湛的医师，曾经在经历两次高考落榜后，对父母说："我可能天生就不是读书的料，就这样继续下去，也不会有什么结果，不如就此认输，选择另一条路走。"于是，他跟着祖父学习祖传的推拿按摩技术，诊治跌打损伤。几年后，经过考试，他取得了执业医师证，在利用中医疗法诊治骨伤方面颇有造诣。他说："如果没有当初的认输，也就没有我现在的医技。"看来，学会认输，才能在人生旅途中成为更大的赢家。

认输之所以让人难以接受，是因为它看起来就是承认失败。是的，人需要永不言败的信念和勇气，但是有些时候，不屈不挠和坚定不移不一定完全行得通，一条道走到黑的并不是英雄，死不认输也只会耽搁自己，如果能将这种"死不认输"的心结打开，你就会成为另一种意义上的强者。

人们面对压力重重的生活，因为有竞争，所以就难免明争暗斗。有些时候，可能会遇上不怀好意的小人，容不得别人比自己好，面对这样的人，争斗只会让自己变得与对方一样狭隘庸俗而不择手段。与其让生命的价值劳损于无端的争斗中，不如及早认输，撤离这些毫无价值的恩怨是非，用自己保存下来的实力去寻找真正的人生舞台。

只有认输，才能保存实力。美国有一位拳王说过："任何拳手都不可能打败所有的对手，而优秀的拳手知道在恰当的回合认输。因为，如果及早认输，下次还有赢的机会；如果逞能，被对手打死或被打垮，那么连赢的机会都没有了。"

在亚马逊热带丛林中生活着一种蜂鸟。蜂鸟的家族有一个规矩，那就是只准向前不准退后，如果有胆小的蜂鸟临阵退缩，就会遭到很多蜂鸟的围攻，最终被自己的同类啄死。那时，只要是它们想吃的东西，它们就一定能吃得到。整个热带丛林，没有哪种动物不害怕蜂鸟。一次，森林失火了。看见烈火熊熊地在丛林中飞舞，大片地占据了它们的领地，蜂鸟愤怒了。在蜂鸟王的指挥下，蜂鸟们一群群地向烈火扑去，一群群地死在了烈火之中，但蜂鸟们不能退缩。眼看蜂鸟家族就要全军覆没，这时，蜂鸟群中有一只蜂鸟动摇了，它试图往后退。蜂鸟王一眼就看见了那只临阵退缩的蜂鸟，当它狂怒地指挥其他蜂鸟向那只临阵退缩的蜂鸟扑去时，其他蜂鸟并没有像往常那样向这个背叛者扑去。令蜂鸟王不解的是，还有一小部分蜂鸟也跟着那只蜂鸟一起向后飞去。

蜂鸟王和更多的蜂鸟成了那次烈火的牺牲品，而那一小部分蜂鸟则活了下来，并延续了蜂鸟的种类。如果当初没有那只肯退一步的蜂鸟，蜂鸟的种类也不可能得以延续。

认输，不是对现实的妥协，而是一种改变现实的魄力。生活中不尽如人意的事情常常会叩响我们的心门，比如工作不合意，没有用武之地，又没有发展前途。那就离开吧，"此地不识君，自有识君处"，另谋发展，说不准你的"伯乐"就在下一个转弯处等待你的出现。又如一次恋爱，或一种梦想，当你在守候中忽然发现走到了尽头，事情再也没有挽回的余地时，那就认输吧。车到山前未必有路，该走的东西是留不住的，唯有蓦然回首，才能看到灯火阑珊处的那个人。

在运动场上，比赛的人经常认输，没有关系，输了一场，还有下一场。输了一次之后就再不参加比赛的人，永远无法成为世界冠军。生活中，我们的理想或许一时无法实现，但是只要我们的理想在，就还有无数的机会从头再来，或另辟蹊径。

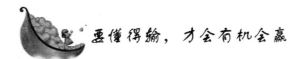

## 要懂得输，才会有机会赢

人人都有一种心理趋向——喜欢赢，而讨厌输。但是，并不是所有的人你都应该赢，事实上，赢也需要智慧，也要看是赢谁，找错了赢的对象，不仅赢不了，还会害了自己。

只有要懂得输，才会有机会赢。有句话说得好："忍一时之屈，能成大事之机"。

周亚夫是西汉名将。汉文帝时，匈奴猖獗，时时侵扰。为了加强京城防务，汉文帝调了三支军队，分别在长安附近的棘门、灞上和细柳扎营，拱卫京畿。其中，周亚夫就负责主持细柳营的军务。

有一次，汉文帝去军营慰问将士。刚到周亚夫军前，就听驻军

23

喝道:"将军有令,军中只有将军令,没有天子令。"

汉文帝一向德行厚重,并不计较,派使者去知会周亚夫,周亚夫这才打开寨门。

一进军营,文帝又被拦住了:"将军有令,营之中不许策马狂奔,只能慢行。"文帝只好拉着缰绳,一步步地"颠"到周亚夫的大营前。这时,周亚夫才不紧不慢地从大帐中走出,冲着皇帝一抱拳:"末将甲胄在身,当以军中之礼相见,就不跪拜了"

汉文帝是个心胸宽广的人,很看重周亚夫的才能,并没去计较,还把他推荐给了自己的接班人汉景帝,说"周亚夫治军严明,是关键时刻可以倚重的将军"。

在汉景帝执政期间,周亚夫屡立战功,被汉景帝封为丞相。作为一个托孤大臣,又屡建奇功,周亚夫的仕途应该很顺畅才是,但是由于他过于争强好胜,过于喜欢"赢",所以给自己带来了悲惨的结果。

一天,汉景帝在朝会上讨论给匈奴降将封侯的事。周亚夫不同意皇帝的做法,他说:"这些匈奴降将,背主投降,如今要封侯,难道是要鼓励背主求荣的行为吗?"

景帝听了,心中一阵恼火,心想:我们跟匈奴交战已经多年了,回回败退,这一次是我们难得的胜利,这不正是我们大加宣扬,鼓舞三军士气的好机会吗?所以景帝把脸一沉说:"丞相的话,迂腐!不可用!"

皇帝言辞如此严厉,周亚夫本该顺坡下驴,再图后计。但是他不服输的性格这时候却体现出来,他为了和皇上赌气,竟然称病不出。景帝以为,周亚夫过几个月气消了,就乖乖地回来了。没想到,四年过去了,周亚夫还没动静。

为了缓和君臣之间的紧张气氛,汉景帝决定主动让步,请周亚夫吃顿饭。当然,身为一国之君,汉景帝也不可能就此作罢,也要借吃饭之机稍稍惩戒一下周亚夫,让他服软。他给周亚夫准备了一大块肉,但是没有准备筷子实际上,汉景帝是在告诫周亚夫:想要筷子吃肉,你就得服软,求我。

周亚夫没想那么多,直接向内侍嚷道:"不给老子筷子,你让老子怎么吃啊!"景帝面沉似水:"我给你肉吃,还不能满足你的要求吗?"

周亚夫一愣,突然明白了"大老板"的用意,当即跪倒谢罪。景帝以为周亚夫服软了,摆摆手:"算了,还是起来吧。"哪知道,周亚夫起身后,甩甩袖子,二话不说,拍屁股走人了——我就是不认输!

景帝这次真的发怒了,知会廷尉:"此人,吾不用也!"廷尉体察圣意,随便抓了周亚夫一个把柄,扣上谋反的帽子,把周亚夫抓了起来。

周亚夫绝食五天后,一代名将,就这么饿死了。

周亚夫的故事是一出悲剧,悲在哪里呢?悲就悲在周亚夫在该输时不肯输,在不该赢时偏要赢。要知道,在这个世界上,输赢本来就不是绝对的,总是想赢,最后反而会输得更惨。

做人有骨气,有傲气,这没有问题,值得提倡,但是要会分场合,分对象。你如果想和对方争出个输赢,就难免站在了对方的对立面上,成为了"敌人",但有些人却掌握着你的前途命运,掌握着你的身家性命,对于你,这些人拥有绝对权力,你非要和这些人争个输赢的话,对于你自己来讲能有什么好处呢?即使暂时赢了,最后也难免输得更惨,实在得不偿失。

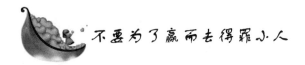

不要为了赢而去得罪小人

中国有句古话叫"小人得志"。小人往往被人们贬低、责骂、排斥,但是小人为什么还能得志呢?原因主要有以下几点:

第一,小人会演戏。老实人的努力别人未必能看到,但是小人的表演往往都很抢跟。

第二,小人往往为达目的不择手段,一时间可以蒙蔽别人,成了自己领先一步的资本,从而得志。

第三,小人做事的目的性都很强,他们做的每一件事,都能令

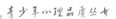

他们得到好处，好处堆在一起，他们就得志了。

由此可以看出，小人得志，有些时候是毋庸置疑的。相反，君子得志有时很难，这其中的道理也是一样的：

第一，君子不愿装腔作势地演戏，他们觉着该是怎样就怎样，做事踏踏实实，能不投机取巧就不投机取巧，这样无论做什么，成本就高了。

第二，君子不喜欢装，不会表演作秀，这就很难给别人留下深刻的印象，所以在机会来临时不太容易发现，君子因此容易错失得志的机会。

第三，君子走的是正常路径，不喜欢玩"暗箱操作"那一套，他们很不屑于做这种事情，并且极其鄙视小人行径，觉得这是极为丑陋恶心的事情。最为关键的是，君子还会和小人对着干，别人搞小动作君子就揭发，所以不讨人喜欢，这也增加了达成愿望的难度。

第四，君子讲究公平竞争，不会打击对手，这客观上导致了对自己竞争对手的培养，使自己前进的阻力增加。君子在得志时不打压潜在的威胁，失意时又常常被别人提防、陷害，所以往往只能在底层打转，想要得志难上加难。

在竞争激烈的社会中，所有人都存在竞争关系，所以小人们往往会未雨绸缪，将未来的竞争者扼杀在摇篮里。君子却不这么干，他们对别人非常好，不管对方有没有威胁，都把自己的东西完全传授出去，只要人家口乖叫几声，就连家底都掏空了。

小人得志的这种状况很难发生改变。古往今来，小人得志的局面长盛不衰，秦朝丞相赵高是小人，唐朝重臣安禄山是小人，宋朝宰相秦桧是小人，简直数不胜数。

做小人可以在一时获利，但是绝不能长久。因此，为了赢得人生的最后成功，万不可去做小人。就拿曾经发生的三聚氰胺事件来说，一些奶企就做了一回小人。现今，奶制品市场竞争激烈，在竞争下有人想到了走歪门邪道，结果三聚氰胺的事情就出现了。一开始，只是往奶源里加水，但是只加水又会影响牛奶的蛋白质含量，达不到指标标准，所以又不顾消费者人身安全，往牛奶里加兑三聚氰胺，而且号称是更好的牛奶。

不怕输才会赢

诚然，这样的小人行径确实让这些丧失良知的奶企一时获利，赢了一同，但是付出的代价是惨重的，想想三鹿的结局便可知晓。所以小人做不得，更不能因为要赢，便使用一些小人的手段，因为到头来，会让你输得更惨。

小人做不得，但我们也不要为了赢而去得罪小人。在现实中，君子往往会和小人结仇，因为他们的价值观完全相悖。对小人的一些手段，君子是很鄙视的，所以经常在不经意间得罪了小人。事实上你不能得罪小人，小人会暗中给你设圈套，假如现在你得罪他了，他更会明里暗里去整你。

就拿《水浒传》里的林冲和高俅来说吧。林冲是东京八十万禁军的枪棒教头，武艺出众，人品一流，被人称为"豹子头"。高俅原本是个地痞，小人得势，成了太尉。在平日里，高俅的做派猥琐，为正人君子所鄙视。林冲因为自己的妻子受辱而冲撞了高俅，一下子成了高俅的眼中钉，结果林冲被高俅弄得家破人亡，逼上梁山。

小人得罪不起，不管他是你的同僚还是对头，不管他是你的上司还是你的下属，不管他是你的合作伙伴还是竞争对手，你都要尽量避免去招惹。因为小人记仇，小人不讲道义，小人不择手段。而且小人更容易一时得势，对得罪过他的人打击报复。那句"宁得罪君子，不得罪小人"的话就是这个道理。

第一章 虽败犹荣：不怕输才会赢

27

# 第二章　战胜自我：赢自己才是真的赢

　　战胜自己不容易，它要勇气与坚定的信念。很多时候，我们不是不知道怎样才能成功，但是却没有采取行动，因为我们输给了自己。

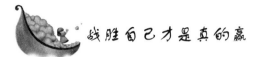 战胜自己才是真的赢

　　战胜自己不容易，它要勇气与坚定的信念。很多时候，我们不是不知道怎样才能成功，但是却没有采取行动，因为我们输给了自己。

　　在现实中，当你遇到挫折或身处逆境，你会怎么想？是抱怨这个世界太多不平事，还是将失败的原因归咎于其他人给了自己太多阻力？这些想法都是偏颇甚至是偏激的，因为我们最大的敌人不是外界的环境或是来自其他人的阻力，而是自己。渡过难关的最好方式，就是战胜自己。如果你能做到这一点，你就离成功不远了。

　　克服困难，实际上就是战胜你自己的一个过程。只有能够战胜自己的人，才能成为真正的胜利者。

　　有两个人在沙漠中行走。走至半途，水喝完了。其中一个人决定去找水，他把信号枪递给同伴，再三吩咐："这里还有五颗子弹，我走后，每隔一小时你就对空鸣放一枪。枪声会指引我前来与你会合。"说完，他满怀信心找水去了。

　　留下的同伴满腹狐疑：茫茫沙漠，上哪儿能找到水啊？他会不会丢下自己这个"包袱"独自离去？

　　暮色降临。这时，留守者的枪里只剩下一颗子弹，找水的同伴还没有回来。他确信同伴早已离去，自己只能等待死亡。他想象着沙漠里秃鹰飞来，狠狠地啄瞎了他的眼睛、啄食他的身体……结果，他彻底崩溃了，把最后一颗子弹送进了自己的太阳穴。

　　枪声响过不久，同伴提着满壶清水，领着一队骆驼商旅赶来，但却看到了一具尚有余温的尸体……

　　一个有自我把控能力的人内心必然是强大的，不但给伙伴力量更能凝结伙伴之间的相知相携感。那个自杀的人是他自己吗？是他的缺点，是他的缺点在非常环境里成长为杀他的工具。一个理性的自我会在伙伴去找水的时候问自己：为什么找水去的不是我？是他比我胆识过人吗？是我比他胆怯吗？这其实就是一个认识自我鉴定的过程，也就是我们常说的自我把控。

人生就是由这样的考验堆砌而成的，而我们逃避考验的理由往往是因为对自我的把控力度不够。我们无法战胜自己内心的缺点，譬如因胆怯而缺乏诚信，更不会在合适的时势里理智清醒地去思考，从而找到真实的自我。面对困难，我们不够坚定，容易动摇，选择回避，或者是放弃；面对责任，我们不够勇敢，常常推卸，没有气魄，没有担当……

人生总会遇到太多太多的考验，而我们用以逃避的理由也同样太多太多。我们为什么不敢正视这一切？是因为我们无法战胜自己内心的种种怯弱、担忧、自卑以及恐惧！人的本性是这样的，人的本性注定我们的内心有许多的不坚强；自己，往往是最可怕的对手，是最无底的沟，是最看不透的迷雾。为了成功，我们必须战胜自己，因为自己是通往成功的最后一道屏障。

成功有时候就是这样，只要你认为你行，你就能够处理和解决这些困难或危机。对你的能力抱着肯定的想法，就能发挥出积极的力量，引导你走向成功。

我们来看看两只鹰的故事：

汤姆和伙伴到林子里去玩，在树下发现了两枚鹰蛋，汤姆把它们带回了农场，放到了鸡窝里，让母鸡来孵。不久，小鹰出生了，一黑一白。它们和小鸡生活在一起，过着和鸡一样的生活。

当小鹰逐渐长大后，它们发现了自己和其他伙伴们的不同，内心里有一种奇特不安的感觉。黑鹰对白鹰说："我们一定不是鸡，我们和鸡长得根本就不是一个样子。"

白鹰却说："拜托，我们是鸡妈妈养大的，不是小鸡是什么？"

有一天，黑鹰看到一只老鹰翱翔在养鸡场的上空，它突然感觉到自己的双翼有一股奇异的力量。它不禁叫着说："我知道了，我不是鸡，我是一只鹰，我要像它一样飞在蓝天上。"

黑鹰展开双翅，虽然它从来没有飞过，但它内心有着飞翔的力量和天性。它先飞到一座矮山顶上，又飞到更高的山顶上，最后冲上了蓝天。

白鹰看到黑鹰飞了起来，飞上蓝天，越飞越远，叹了口气："它

31

果然是一只鹰。"然后转过头，和小鸡们啄米去了。

黑鹰与白鹰的区别就在于：黑鹰发现了自我生命的本真，而白鹰依然在懵懂中。

的确，有时候我们会觉得自己很平庸，那其实不是因为我们无能，而是因为我们被框定在无能里了。每个人其实都是潜能无量的，有的人苏醒了，有的人还在沉睡中。将自己的潜能从睡梦中唤醒，这才是一个能有所作为的人摆脱平庸，成就非凡人生的关键所在。

有些与生俱来的本性不是我们所能把控的，但有些与生俱来的本性却需要我们用正确的心态去认知。每个人的身体里都有无限的潜能，有的人苏醒了，有的人还在沉睡。如果把自己钉在自我期望的范围以内，就只能永远被平庸包围。

成功不是轻而易举得来的，成功是后天挖掘出来的潜质创造的，而潜质需要用积极的心态去开发。越相信自己的不凡，就越会有用不完的能量，你的能力就会越用越强，你离成功也会越来越近。如果你任它沉睡，那你只有叹息命运的不公了。

有人说过：竞争就像下棋一样，看着是两个人的事，实际上是一个人的事，对弈者实际上都是在跟自己博弈，输了，大不了就重新来过。

真正下棋的人，心里面没有对手，只有自己。做到心中无敌，就真的无敌于天下了。假如你眼睛中全是敌人，外面就全是敌人，敌人是永远战胜不完的。

吴清源是日籍华人，被称为"棋圣"。他一生雄踞"天下第一"的无冕王位，晚年又将毕生精力放在了提携后进、促进围棋国际化和中国围棋的发展上，他更以毕生之体悟，将古老的中华文化融会在他的棋艺中。他说过这样一句话："下棋是一种乐趣，你可以让对手很痛苦，但你一定要很快乐，如果你也痛苦，这是走错了，你痛苦他开心，你肯定走错了。"

人生的最高的境界是什么？心无旁骛，自得其乐。不要埋怨环境，你抱怨与否，环境就是那样，不会改变。有的人在抱怨形势，有人就在努力。有时候，环境好不好，真的不是很重要。应当改变自己，适应这个无论好或坏的环境。

## 不选择逃避，勇于直面现实

在人生的旅途中，困难和挫折总是在所难免，关键是用什么样的态度去对待。困难面前的逃避解决不了任何问题，我们应该永远面对现实，努力使自己正视现实，而不是选择逃避。

在拿破仑·波拿巴的人生信条中，有这样一句话："我决不会失败，因为我不会逃避。"

拿破仑出身于一个没落贵族的家庭。当时，他的家族已经穷苦不堪，但是他的父亲还是把拿破仑送进了地处布里恩的一所贵族学校。在这里，拿破仑的同学都是一些富贵子弟，他们经常夸耀自己的富有，嘲笑拿破仑家庭的贫穷。拿破仑的自尊心被深深地刺伤了。

终于，拿破仑实在忍不了了，逃离这里，他给父亲写了一封信，信上说："我始终忍受着别人的嘲笑，他们无时无刻不在向我炫耀他们的金钱，讥讽我的贫困。父亲大人，难道我在这些富有而高傲的人面前永远只能谦卑地活下去吗？"

拿破仑的父亲回信写道："诚然，我们很贫穷，但是你必须在那里把书念完。"

无奈之下，拿破仑在那所学校坚持了五年，经受了长期的折磨。但是，在那里的每一次嘲弄、每一次欺侮、每一次轻视的态度，都使拿破仑增加了一种改变命运的决心，既然无法离开这里，那么只有试着改变现状，他要让那些嘲笑自己贫穷的人看看，他确实比他们优秀许多。拿破仑没有任何空口自夸，只是在心里暗暗地计划着，决定把这些没有头脑而又傲慢的人作为通向权力、财富和名誉巅峰的桥梁。

到了16岁，拿破仑成为了法军的一名上尉。也就在这一年，他的父亲去世了。拿破仑不得不从他微薄的薪水中抽出一部分来供养他的母亲。在军队里，拿破仑发现很多人把空余的时间都用在追求女人和赌博等事情上。拿破仑身材矮小，不讨女人喜欢；经济拮据，

第二章 战胜自我：赢自己才是真的赢

也没有钱拿来赌博，所以拿破仑显得很不合群。形单影只的拿破仑选择到图书馆打发时间，这使他获益匪浅。

拿破仑去漫无目的地读一些杂乱无章的书，但他不是以读书作为消遣的方式。而是把读书作为实现自己理想的途径。他决心将自己的才干与能力展现给世人，并把它当作自己选择图书类别的指引。

在图书馆的时光里，他把自己想象成一个总司令，描绘出了科西嘉岛的地图，并在地图上标明应当布置防范的地方。他用数学方法对所有的一切进行了精确的计算，他的数学才能也由此得到了发展。

拿破仑的努力使他的能力有了很大的提高，他的长官发现拿破仑与众不同，决定把教操场上一些极复杂的计算工作派给他做。他漂亮地完成了这些工作，于是又获得了别的机会。就这样，一切情形都因此而改变了。从前嘲笑过他的人，现在都簇拥到他周围，想从他的奖金中分得一点；从前轻视他的人，现在也都希望与他成为朋友；以前贬低他矮小、无能、死用功的人，现在都对他表示尊重。他们都变成了他忠心的拥戴者。

后来，拿破仑回忆这种转变时，感叹说："我经历了很多困难，但是我没有逃避。我决不会失败，除非我确信自己已经不敢去面对了。"

的确，拿破仑很聪明，但是有一种比聪明才智更为重要的力量在驱使着他，这便是敢于面对现实。现实生活的客观与公正性，给了拿破仑一把处理非凡事务的好尺子，使他成为了一名赫赫然载入人类史册中的人生大赢家。如果他的父亲允许他中途退学，如果他当年无法直面被人贬低和捉弄的痛苦现实，那后来又会是怎样的一个拿破仑呢？

其实，人生就是如此。你的一生会遇见的现实，都会以各种方式向你挑战。最后赢定的，只有那些勇于直面现实的人。

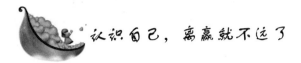认识自己，离赢就不远了

在古希腊帕尔索山的一块石碑上，刻着这样一句箴言："你要认识你自己。"法国伟大的启蒙思想家卢梭称这一碑铭"比伦理学家们的一切巨著都更为重要，更为深奥"。

正确认识自己，对于个人的成长进步和工作生活具有重要的作用和意义。正确认识自己是改造自己的前提，看到自己的不足，才能增强自我改造的自觉性和紧迫感，产生自我改造的内动力。太多人希望自己总能够解决所有问题，总能充当"赢家"的角色，但是却没有想过：自己有没有赢的实力？所以说，要想赢，就必须先别去想输赢胜负，而是先考虑一下自己到底有哪些赢的资本，或者是想一想自己要"赢"在什么地方。这就是我们所说的"认识自己"。

只有正确地认识了自己，才能熟稔于长短，长而发扬、短而收敛，做到不卑不亢，自信而不失容纳之怀。

西晋时期的名臣周处，原本只是一个在家乡无恶不作的浪子。

周处原是东吴义兴（今江苏宜兴市）人。少年时期个子长得就很高，力气也比一般小伙子大。幼年丧父，周处自小就没人管束。成天在外面游荡，不肯读书；而且脾气强悍，动不动就拔拳打人，甚至动刀使枪，义兴地方的百姓都害怕他。

义兴邻近的南山有一只白额猛虎，经常出来伤害百姓和家畜，当地的猎户也制伏不了它。当地的长桥下，还有一条大蛟（一种鳄鱼），出没无常。义兴人把周处和南山白额虎、长桥大蛟联系起来，称为义兴"三害"。而这"三害"之中，最让百姓感到头痛的，竟还是周处。

一次，周处得知百姓为猛虎和鳄鱼而烦恼，便拍着胸脯许下诺言，答应为百姓除掉二害。邻里街坊们都很高兴，因为这样既可以除掉猛兽大蛟，说不定还能在博斗的过程中，除掉另外一害周处呢。

第二天，周处果然带着弓背着剑，进山射死了老虎。没过几天，

第二章 战胜自我：赢自己才是真的赢

35

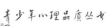

他又换了紧身衣，带了弓箭跳进水里杀死了大蛟。

当周处得以完胜而归时，看到乡亲们都在庆贺，以为他和猛虎鳄鱼都死了。这时周处才意识到自己平时的行为被人们痛恨到何种程度。

于是，他痛下决心，离开家乡到吴郡拜师学习。他找到当地很有名望的陆云，把自己决心改过的想法诚恳地向陆云坦白。他说："我后悔自己觉悟得太晚，把宝贵的时间白白浪费掉。现在想干一番事业，只怕太晚了。"

陆云勉励他说："别灰心，你有这样的决心，能重新认识自己，前途还大有希望呢！一个人只要有坚定的志气，何时都不算晚。"

从此以后，周处一面跟陆云学习、刻苦读书，一面注意自己的品德修养。他勤奋好学的精神和热心助人的品质，让方圆百里的人们都大加称赞。

不久，连州郡的官府都征召他出山做官。而周处毅然从军报国，建立了自己人生的一番功业。

周处在没有认识自己之前，虽然一直都在努力追求"赢"，但是却走错了方向，发错了力，直到他能够正确看待自己，并且有了正确的人生观之后，才真正实现了"赢"。人都是如此，能正确看待自身的弱点、缺点和错误，知耻而后勇，奋起改进，这样才能体现出人生更大的价值。

有些人、有些事就得在特定的时间里才能理出纹理，比如周处，他的认识自己并不在于知耻而后勇，奋起而改进。他所谓的正确看待自身的弱点、缺点和错误，也是因为他自以为是的义举，他当初只知道百姓为猛虎和鳄鱼而烦恼，以为自己"好汉"一下除了祸害就能使人们欢欣鼓舞，却不知道自己在人们心目中比祸害更有过之而不及。

这样的人，一般情况下是不容易认清自我的，当他做出义举的时候，别人在他的眼里往往都是傻瓜和笨蛋，周处以为他若替老百姓除了虎蛟二害，他就成了众人心中的大英雄，而忘掉了他平日里比二害更恶的作为，没想到老百姓对于二害与他的类别还是分得很清的，要不也不会把他设计进除害的图谋里。

这就有了分析事件及其背景的多重眼光的问题，是真是假，是祸害还是栋梁，周处做祸害或者做栋梁都是他一个人的事，我们看重的是，一个人最基本的觉悟若需要全社会都来参与唤醒的话，那是不是代价也太大了？这其中一定有着更为庞大的价值体系在与之做着赢的博弈。民众的赢就在于迎合了周处的想做大英雄的企图，并认同了甘于被周处当作傻瓜的心理待遇。

一个真正认识自我的人往往不是周处这样的人，但可能会有着和周处同样的认清自我的经历。世界的相似性给了周处这样的人机会和可能，清者自清，曲高者一定和着寡，同样的认识自我，周处这样的人在正常情况下是做不到的。现实就是这样，一个内心强大的赢家的确是时刻都处在认识自我当中的。

事实上，任何人都非完美，每一个人的性格中都有这样或者那样的缺陷。但是这并不妨碍你走向成功。最重要的是，你必须能够认识到自己的缺点，然后加以改正，走向相对完美。认识自己在很多时候其实就是自己和自己较劲的过程。人往往都自视甚高，在认识自己的过程中，会不断打破原来主观化、理想化的自我认识，建立更客观的个人评定。

自我认识的过程可能会非常艰苦，但是如果你能够通过自我认识提高自己，就会离成功越来越近。

德摩西尼是古希腊著名的政治家，以口才闻名天下。但最初的时候，他却天生是一个声音微弱、吐字不清的人，尤其是字母"R"，他无论如何都说不清楚，而且，他还有气喘的毛病。

为了克服这些缺陷，德摩西尼每天都要把石子含在嘴里练习发音、吐字。每天天还没亮，他就站在海边对着大海呐喊，希望滔滔的波浪能在他的喊声中平静下来。后来，他开始一边在山上跑步，一边练习背诵，练习一口气念好几行字；他对着镜子练习演讲，以矫正自己的姿势。再后来，他建了一个地洞，每天在地洞里练习声音和演说姿势，每次练习都会持续两三个月。为了克服自己想上街的念头，他还将自己的头发剃去了半边。

最终，德摩西尼在克服缺陷的过程中掌握了演讲的一切技巧，成为古希腊最伟大的演说家。

在漫长的人生历程中，必须要正确地认识自己。把自己估计过高，会脱离现实，守着幻想度日，怨天尤人、怀才不遇，结果是小事不愿做，大事做不来，终究一事无成；把自己看得过低，会产生强烈的自卑感，导致自暴自弃，明明能干得很好的事，也怯于尝试，结果错过很多机会，落得抱憾终生的后果。只有能正确认识自己的人，面对成功不忘乎所以，遇到挫折不灰心丧气，这样才能在人生奋进的道路中，不自夸，不沉浮，以一颗饱满的心去迎接更大的挑战。

认识自我并非是一件容易的事。在认识自我的过程中，人经常会陷入自我迷失之中。我们经常会受到他人的影响和暗示，把他人的言行作为自己行动的参照，从而丢失了自己。另外，大多数人很少能够去主动审视自己，很少去反省自己，更不会总把自己放在局外人的地位来观察自己。正因为如此，我们很不容易弄清楚自己究竟是谁。

跳出自我迷失最好的办法就是定期用冷眼旁观的态度去审视自己。古人言："不识庐山真面目，只缘身在此山中。"认识自己首先要跳出"庐山"，以旁观者的眼光分析、审视自己。功过是非，不夸大，不缩小，避免主观、片面，实事求是地看待自己。这样才能克服不足、推动进步，以期不断成熟、不断更新。

认识自己当然不是我们最终的目的，它只是通向成功的一个环节。我们认识自己之后，最重要的就是给自己一个定位，把自己放在合适的位置，这样才能达到目的，即最终取得人生的成功。

人首先应该给自己一个定位，自己到这个世界上来究竟是干什么的，必须有个十分清晰的描述，离开了这个描述，人就会迷茫，就会失去前进的方向，就会在一个个十字路口徘徊，这样的人生是没有意义的。只有当你对自己有充分足够的了解后，知道了自己的长处与短处的时候，你才会懂得扬长避短，才不会用自己的短处去和人家的长处相撞击，也不会为本来就不可能成功的事情发愁、怨恨自己，而这一切的修炼都离不开淡定的处世原则。

有自我定位的人，才是最难能可贵的。人需要有自知之明，自知而自立。人人都希望进步，成就一番事业。没有自我定位，就难于明是非，辨立场，分得失，就会身在错中不知错，身在弱中不知弱，就会安于现状、庸庸碌碌、浑浑噩噩而不思进取，游戏人生。反之，一旦认识了自己，有了准确的定位，便能瞄准自身的薄弱环节，奋发改进，有所作为。

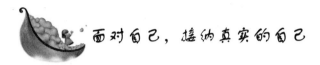

## 面对自己，接纳真实的自己

每个人都是独立的，一个人接纳另一个人很难，但一个人接纳自己更难。我们时常对自己不满，为自己的缺点懊恼与烦闷，千方百计想掩饰。自己面对自己时，我们常常会陷入惧怕与悔恨中不能自拔。

太多人之所以会对生活有那么多的不满，其实不是外界影响，而是因为自己对自己的境遇有太多的不满。这种想法大部分人都有，但是从实践的角度来讲，对自己不满又有什么用呢？自己又不像别的物件，不喜欢了就可以随时扔掉；也不和别人一样，合得来便相处，合不来便分手，用不着去委曲求全。我们不可能把自己扔掉，也不可能自己与自己"绝交"。自我是一个不可能逃避的话题，无论你情愿也好，不情愿也罢，满意时它和你在一起，不满意时它同样不会离开你。生命的无奈也在于此。

有的人很早就接受了自己，有的人至死都无法接受自己。

尽管我们知道，相貌、性格和生命一样，都是我们所不能自由选择的，然而，对于自己的不满意，却时刻折磨着我们。丑陋使我们不敢大声讲话，不敢仰起头走路，不敢面对他人的注视，在美丽的人面前，我们更本能地感到自卑，总希望有一天魔镜会突然出现，告诉你你是天下第一美人。

性情也是我们在不知不觉中形成的。虽然我们并不对自己的容貌与性情负完全的责任，但我们却不得不每日面对它。古希腊哲学家苏格拉底能够认识自己，接受自己，才宣称自己自知其无知。我们虽不能像苏格拉底那样自知自己无知，但接受自己是无知的，却

是可以做到。

接受自己有多种方式，因为世界上有照脸的镜子，但没有照心的镜子，也因为这都是自己的私事，别人可干涉不上。

比较世俗的一种是若隐若现，对自己的优点不去自己挑明，而千方百计诱导别人说出，虽然说的人不同，可这其中的奥妙就很深了。自己说的那叫自我吹嘘，叫逞能；别人说的，是"客观"，是"实事求是"。聪明的人最善用这一招，临了还会让对方说一句"你真谦虚"。

对于自己的缺点，我们难以接受，更不愿意被别人指出，尤其是当众指出。领导每次作完报告都要说"欢迎批评指正"之类的话，你可千万不要当真。这意见不能"指正"，只能当作没有，最好本来就没有。不然，你肯定会免费获得许多"小鞋"穿。

比较聪明的一种是：人贵有自知之明，只有自己知道了，自己觉察出问题，神不知鬼不觉地改掉，这才是上上之策。

接纳自己需要勇气，也需要毅力。接纳自己，是一个漫长而艰苦的过程，也是一个人长大、成熟的过程。这当然是一种痛苦的经历，因为我们会逐渐发现，自己不是那样完美，也不可能变成理想的自己，接纳自己的优点也要接纳自己的缺点，直面自己的优点需要勇气，直面自己的缺点更需要坦诚，需要包容。只有当我们能够容忍自己不足的时候，才能以正确的价值观面对整个世界。

在生活中，我们总会听到很多感叹命运不公的声音，但事实上，生命中最大的不公平就是连自己也无法容忍自己。你想一想，一个人连自己都不能容忍，他还能容忍什么？因为不能容忍，所以生命就有了不公。

当文王被拘而推演出周易之时，命运在他手中会心微笑；当司马迁被辱而创作出《史记》之时，历史在他那里千年不朽。他们所面临的最大问题不是外界的干扰，而是个人命运的巨大反差。但是当他们接纳了自己的缺陷之后，他们就变得无比强大，可以创造不朽的传奇。正如贝多芬说的那样："我要扼住命运的喉咙。"在我们看来，一个人之所以扼住了命运的喉咙，首先就是因为他认同了自己的不足。古往今来，人类从茹毛饮血的远古走到科技发达的今天，

不怕输才会赢

靠的就是一双主宰命运的双手，靠这双手打制工具，开始创造辉煌文明的征程；靠这双手筑屋修路，营造安稳和平的生存环境；靠这双手，创造整个人类的璀璨文明！而对于我们自己，我们每一个人也能靠这双手规划生命的轨迹，成就未来的辉煌，靠自己的一双手去主宰自己的命运。

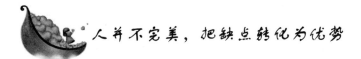

## 人并不完美，把缺点转化为优势

没有人是完美的，人有缺点是正常的。每一个人的性格中都有这样或那样的缺陷，这些缺陷，就在你遇到问题时和你对弈。人性中的辩证法比起我们常常念着的书本中的辩证法更为生动。

通常人们把缺点和优势作为两个对立的事物去看待，事实上，缺点和优势常常是可以相互转换的。你的优势如果运用不当也可能变成缺点，同样，你的缺点如果你稍加修正也同样能够变成优势。很多时候，我们身上与众不同的恰恰是那些大多数情况下所认为的缺点。发挥缺点的优势，更容易使我们出类拔萃。

有一个 10 岁的小男孩，在一次车祸中失去了左臂，但是他很想学柔道。最终，小男孩拜一位日本柔道大师做了师傅，开始学习柔道。

他学得不错，可是练了三个月，师傅只教了他一招，小男孩有点弄不懂了。他终于忍不住问师傅："我是不是应该再学学其他招数？"

师傅回答说："不错，你的确只会一招，但你只需要会这一招就够了。"

小男孩并不是很明白，但他很相信师傅，于是就继续照着练了下去。

几个月后，师傅第一次带小男孩去参加比赛。小男孩自己都没有想到居然轻轻松松地赢了前两轮。第三轮稍稍有点艰难，但对手还是很快就变得有些急躁，连连进攻，小男孩敏捷地施展出自己的那一招，又赢了。就这样，小男孩迷迷瞪瞪地进入了决赛。决赛的对手比小男孩高大，强壮许多，也似乎更有经验。小男孩显得有点招架不住。裁判担心小男孩会受伤，就叫了暂停，还打算就此终止比赛，然而师傅不答应，坚持说："继续下去！"比赛重新开始后，对手放松了戒备，小男孩立刻使出他的那招，制伏了对手，由此赢了比赛，得了冠军。

在回家的路上，小男孩和师傅一起回顾每场比赛的每一个细节，小男孩鼓起勇气道出了心里的疑问："师傅，我怎么凭一招就赢得了冠军？"

师傅答道："有两个原因：第一，你几乎完全掌握了柔道中最难的一招；第二，就我所知，对付这一招唯一的办法是对手抓住你的左臂。"

缺陷也许是天生就有的，缺点更是人人不可避免的，但这些是否能成为我们人生的一大障碍也是因人而异的。小男孩将最大的劣势变成了他最大的优势，他的故事说明，会生活的人能将缺陷转化为优势，当然这是需要有明确的自我认知作为前提条件的。

一个人的优点与缺点并不是绝对的，换个角度看，会有另外的定义，甚至是完全相反的。一个做事全力以赴、心态积极和不断学习的人，他身上的优点会闪闪发光，而他的缺点也成为独特魅力的个性，使人们喜爱。相比之下，消极会使我们的心灵残缺，心灵残缺的人，他的习惯和人格中会表现出残缺的印痕，他做的事情也不会完整，不会善始善终。

这个世界是最公平的，懦弱者总把谨慎当做自己的优点，失败者总以为冒险是自己最大的缺点，卑微的人因他们的缺点而卑微，高贵的人因他们的优势而高贵，自卑者习惯于把自己的缺点和别人的优点比，自负者却总喜欢拿自己的优点和别人的缺点比，卓越者不但能认识到自己的优缺点，也能发现别人的优缺点，值得一提的是他们只跟一个人比，那就是他们自己，他们常常自问："此刻的我比前一刻的我有多少进步？"只要善加利用，缺点会成为优势。若不进取创新，优点也会成为劣势。

自信能使优点更加优秀并得以充分地发挥与展示，而且自信也能使缺点缩小，使缺点无用武之地，使人们忽视缺点甚至使缺点转化成优点，转化为与众不同的个性。美国歌唱家戴莉的牙齿畸形和她的歌声一样出名，人们都喜欢她；罗斯福沙哑的嗓音最终被训练成演讲中最具魅力的与众不同的特质。

相反，消极不但能使缺点更加残缺，而且它会扼杀人的优点，甚至使本应是优点的东西遭到拥有者的厌恶和他人的反感。不要找任何借口，工作的失败只能说明工作者在某一方面或某些方面有缺陷而已。

工作为什么需要不断地开拓和创新呢？因为没有完美的工作。为什么没有完美的工作呢？只因为没有完美的人，人都是有缺点的。最能鞭策人们努力工作的并不是他们的优势，相反正好是他们的缺点、错误和那些他们欠缺的东西，因为人的天性是奋斗而非感恩，人是追求完美的动物。

### 虚名是累赘，赢了又何如

虚名看不见摸不着，但是偏偏那么多人喜欢争这些虚名，结果搞得自己非常郁闷。其实，虚名往往只是累赘，即使赢得了虚名，又有什么用呢？

第一次登上月球的太空人除了大家所熟悉的阿姆斯特朗外，还有一位，就是奥德伦。当时阿姆斯特朗所说的"我个人的一小步，是全人类的一大步"现在已是全世界家喻户晓的名言了，但是几乎没有人知道奥德伦。

在庆贺成功登陆月球的记者会中，有一个记者突然向奥德伦问了一个很敏感的问题："阿姆斯特朗先生成为登月第一人，你会不会因此有些遗憾？"

在全场稍显尴尬的气氛下，奥德伦没有为自己辩白，而是很有风度地回答："各位，千万别忘了，回到地球时，我可是最先走出太空舱的。"他环视四周，笑着说，"所以我是由别的星球来到地球的第一个人。"

43

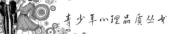

大家在笑声中，给了他最热烈的掌声。

真正的美德像河流一样越深越无声。并不是每个人都能像奥德伦一样，以这种平常的心来看待这样一个人人羡慕的光环的。不与人争名利，成人之美是一种境界。有的人为了一生的辉煌而背负名利的枷锁，有的人却漠视名利如草芥，一生只为大局着想。

虚名不是虚荣，虚荣是一种内心的虚幻荣誉感，能让人脱离现实看世界。而虚名是别人给他的一种名誉。一般来说，名与实应该是相符的，一个人的名声和他实际所作出的贡献是相等的。然而很多人在获得名誉之后，就不再发展自己的才能，就再也做不出什么贡献了，这时名誉就和实际渐渐地不相符合了，也就成了虚名。

虚名和金钱、物质一样都是身外之物，它是一种意识上的虚华东西，只是人们的一种评判结果，冠以其名。虚名只是一个名称，像一个无形的空壳套在人们身上，是一种观念，是思想上的东西。虚名会使人放弃努力，沉睡在他已经取得的名誉上不思进取，直至最后，一事无成。"唐宋八大家"之一的北宋王安石曾写过一个《伤仲永》的故事，说的就是中国古代的一些人被虚名所误，终至一生无所作为。

金溪县的农民方仲永世代以耕田为业。仲永少时有奇才，凡指定物品让他作诗，他能立即完成，诗的文采和道理都有值得观赏的地方。人们对此感到惊奇，有的人花钱请方仲永作诗。他的父亲以此为有利可图，每天拉着仲永四处拜访同县的人，不让他继续学习。渐渐地长大后，他就和一般人一样，才华"泯然"。他的那些天赋、才能都随时间消逝了，一生无所作为。

还有一些人取得名誉后，就不顾自己的实际情况，拼死拼活地维护自己的名誉，结果，早早地就为名誉累死了，这是得不偿失的。

哈里是一名长跑冠军，他非常看重自己在公众心目中的形象。他得了胃病后，不告诉别人也不去及时诊治，将病情当成秘密一样加以保守，生怕自己给人留下一个弱者的印象。终于有一天，哈里挺不住了，他被家人送到医院。3天后他就离开了人世。主治医生说他不是死于疾病，而是被名气累死的。

为了保持自己在公众心目中的"光辉形象"，哈里付出了生命的代价，但是这样死去并不为人称道，没有人不惋惜哈里的生命。哈里的经历给我们的警示是：不要为虚名所累。

但是，几乎没有人不希望自己多一些鲜花和掌声。在成长的过程中，你肯定也多次和鲜花掌声打交道。如果你沉迷其中，并且为了维持这份荣誉而甘愿损失其他一切，包括健康，那就是一种愚蠢至极的做法，而你的这份虚荣心，最终也会使你丧失一切。在荣誉面前，我们应该保持清醒的头脑，要懂得荣誉的珍贵，更要为自己争取荣誉，但不能为荣誉所累，不能被荣誉打垮，否则，你就会成为荣誉的牺牲品。

不为虚名所累，就是一切要以人为本，该怎么做就怎么做，该追求自己的人生目标，就不要被眼前的花环、桂冠挡住前进的道路；就应该义无反顾地抛开这一切身外之物，走自己的路，干自己的事，不因小成就妨碍自己的大成功，这样才能获得真正的荣誉。

在现实生活中，人们对于名利一般只有两种态度：一种是淡泊，另一种是追逐。前者含有褒义，淡泊名利的人不是世俗的人，品格高洁；后者含有贬义，追逐名利的人的品质不怎么好。世界上最著名的科学家爱因斯坦说，除了科学之外，没有哪一件事物让他过分喜欢，而且他也不特别讨厌哪一件事物。遇到声名毁誉，听则听矣，不妨"呼我为牛即为牛，呼我为马即为马"，不为其所累，不为其所羁，保持自己心灵的自然和精神的超脱，拥有一份真正属于自己的生活。

我们活在世上，有太多的虚名不忍心放弃，于是不得不背负着太多情感、愿望还有负重。但是就算你抓到了所有你想要的，你为之付出的代价也是难以估量的。你得到的是虚的、暂时的东西，失去的却是永远的、实在的东西。就像有些人为了追求名誉而影响、损害健康，甚至送掉性命一样。

社会上有很多风云人物，他们常常在名誉面前，失去了常人生活的乐趣，生活得很苦很累，总是想着自己的一举一动、一言一行都要符合自己的身份，无形中给自己戴上了一副枷锁，失去了生活的自由，也失去了生命的本真。熙熙攘攘为名利，何不开开心心过一生。须知，人生的追求是无止境的，放弃对虚名的崇尚，从此尽享自由人生。

# 第三章　越挫越勇：赢得起也要输得起

挫折好比是一潭浊水，情绪乐观的人落入其中，爬起来，挥去泥水，不带走一点水珠；而情绪悲观的人则会把它看作是深不见底的恐惧，甚至越陷越深。

# 挫折为人生增添绚丽色彩

挫折好比是一潭浊水，情绪乐观的人落入其中，爬起来，挥去泥水，不带走一点水珠；而情绪悲观的人则会把它看作是深不见底的恐惧，甚至越陷越深。挫折是一座危桥，拥有积极情绪的人以自信轻松走过，离自己的成功就会更近一步；而持有消极情绪的人则会望而却步，甚至越害怕越摆脱不了掉下桥去的厄运。

有时候我们并不是因为困难太过强大而失去信心，而是我们先有了退缩的心态，事情才变得更加困难。

当我们遭遇挫折时怨天怨地、消极堕落不但不能解决问题，而且会加重挫折的分量，使其消极影响更为迅速地扩散，"杀伤力"也就更大。如果我们用积极的心态和乐观的精神来正视挫折，把它看作是一道小小的门槛，相信自己完全可以轻松地迈过去，它对于我们来说也就显得微不足道了。

1807 年，法军入侵西班牙，半岛战争由此展开。英国为了保护半岛上的西班牙、葡萄牙两国，派韦尔斯利将军率军出战。韦尔斯利将军率部下刚到西班牙时，由于兵力与装备都处于劣势而败给了法军，慌乱中韦尔斯利只身逃出了战场。

当时天上下着大雨，韦尔斯利躲到草堆里避雨，他感觉到眼前的一切糟糕透顶。然而，就在他又懊悔又绝望，几乎万念俱灰时，他看见了一只小小的蜘蛛，在这风雨如注的时刻却在努力地甚至拼命地结网。因风雨太大，蜘蛛一次次努力结的网都被风雨无情地破坏。但是，小小的蜘蛛并没有放弃，它一如既往地精心地织就自己的网，直到第七次的时候才终于把蛛网结成了。

韦尔斯利被这只小小的蜘蛛不畏挫折和打击、屡败屡战的精神深深地感动了。他重新振作起来，毅然冒着风雨去寻找他自己的部队。

虽然随后的战争依然进行得异常艰苦，但韦尔斯利将军再也没有退缩过，他指挥着英、西、葡联军与强势的法军苦战，终于在1814 年将法军全部赶出了西班牙，取得了半岛战争的伟大胜利。为了奖赏韦尔斯利的巨大功绩，英王加封他为威灵顿公爵，擢升为陆军元帅。从此，韦尔斯利就以威灵顿公爵的名号载入欧洲乃至世界历史的史册中。

正是这只蜘蛛改变了韦尔斯利的命运，进而改变了整个西班牙，整个欧洲的命运！

生活中的很多人缺少挫折的磨炼和面对挫折的坦然和勇气。然而，不经历风雨怎能见彩虹？无数事实证明，没有挫折的人生是经不起考验的。假如没有受过风浪的打击，意志就得不到磨炼，心灵就得不到艰苦的洗礼。越王勾践不畏挫折和苦难，最终战胜了强大的吴国；司马迁饱受折磨、历尽艰辛，写成千古巨著《史记》；爱迪生接受千百次失败和挫折，仍不放弃希望和努力，终成世界上最伟大的发明家……每个人的成功，都不是轻而易举或者一帆风顺的，都是经过无数次的挫折磨炼出来的。挫折是一种财富，只有经历重重挫折砥砺的人生才更加丰满，更加有意义。

挫折是我们生命之海中的小浪花，是我们人生之路的宝贵经历，也是上天给我们的一种恩赐。世界上绝大多数人的成功都是经过挫折磨炼之后的结果。美丽的彩虹总在风雨之后，秀丽的风景总在险峰之上，成功的光华总在挫折身后。只要勇敢地面对自己在人生旅途中遇到的挫折，并且把每一次挫折都当成是对自己意志、情绪的一种考验，我们就能够正视它进而战胜它，为自己的人生增添绚丽的色彩。

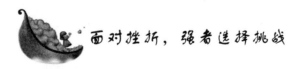

面对挫折，强者选择挑战

在人的一生中，有的人多逢挫折，以至于对未来失去了信心，总说自己整天心里乱糟糟的，不断地胡思乱想，以为自己得罪了鬼神，逢庙便问迷信，逢人便讲离奇遭遇，甚至于草木皆兵，真是令人啼笑皆非。其实，只是某些事情他看不开，亦放小开，以至于乱了方寸，乱了心志，乱了本心。

土耳其有一个擦鞋匠，十五年前他被看成是"最有钱的幸运者"，原因是他曾经意外地获得了全国"新年特等奖"250万美元。

接下来的情节你听起来就耳熟了。这个人得了一笔飞来横财，自然是春风得意，终日生活在亲戚的簇拥下，挥金如土。不久又意外地"邂逅"了一位女子，两人随后结成连理，哪知这个女子是个骗子，卷走了他的全部奖金，使他失去了一切。

就这样，十五年前他坐在路边擦鞋，十五年后，他仍然坐在路边擦鞋。

在人的一生中，有人因赌博输了钱而选择结束了自己的生命，这类事让人感到心情非常沉重。人生不可能一帆风顺，总会有挫折与磨难在人生路上纠缠。既然不能逃避，那么就拿出勇气，勇敢地面对。人生不也正因为有磨难与挫折的历练才显得精彩迷人吗？

美国爱荷华州的心理学家韦恩曾经成功治疗过这样一个心理病人，这个病人是一位很有名气的跳高选手，在获得一系列的成绩过后，他陷入了心理上的障碍：不知从什么时候开始，他只要一接触跳杆就会丧失自信，就开始认为自己不行，失败的念头就会涌上心头，使他没有勇气再去起跳。

通过几次观察，韦恩很快发现了问题的症结所在。问题就在于这个跳高选手一路走来都是顺顺利利的，没有经历过挫折，所以没有足够的抗挫能力，就像温室的花朵一样，没经历过风雨，所以一经风吹雨打就会枯萎凋谢。

针对这种情况，韦恩开始对症下药，开始锻炼他的抗挫能力。韦恩告诉那个跳高选手，下一次再去跳高的时候一定要面带微笑，要自信，要藐视栏杆，当它是游戏，不过就重新再来。

那位运动员狠狠地点了点头，他照着韦恩教他的方法，带着自信的微笑助跑，起跳，纵身一跃，他成功了，他跳出了心理的障碍！此后几年，他不仅重新站在了跳高的领奖台上，而且超越了过去两年的最佳纪录。他的体坛之路越走越成功。

跳高选手在一次接受记者的采访中，他还提到过这件事，他对

不怕输才会赢

着记者的话筒认真地说道："他之所以有今天的成就，有一个人功不可没，那就是我的韦恩老师，是韦恩老师教会了我面对挫折要微笑，要乐观，要对自己说我可以。"

跳高选手说得十分对。面对挫折，唯一正确的做法就是微笑，无论任何困难，一笑置之，相信天生我材必有用，无论何时，不丧失对生活的乐观，就一定会拨开乌云，重见天日的！记住，阳光总在风雨后！

好莱坞巨星史泰龙，多数人看到的是他在荧幕中星光熠熠，万人崇拜的样子，但他在试图踏入电影界的过程中，忍受了前后共有千次之多的拒绝！

当年，他几乎跑遍了纽约所有的电影公司，可是无一例外，都遭到了拒绝。不过他并不气馁，一再尝试，最后终于担任演出电影《洛基》，一炮而红，成为好莱坞顶梁柱，也成为世界影迷的偶像。

史泰龙的成功的秘诀很简单，就是源于面对挫折的执著精神。

其实，生活中这样的例子有很多很多：

歌星周杰伦曾经高考失利，音乐梦想变得遥不可及，在面对这些挫折的时候，他并没有灰心丧气，反而当起了酒店的服务生，并坚持他的音乐梦想。

终于，一次偶然的机会，周杰伦的一首《双节棍》走红大江南北，两岸三地，他也成了流行音乐界的天王，成了八零后的孩子们的偶像。

在《天下无贼》影片中扮演傻根的王宝强，从小就有一个当明星的梦想，每次他提起这个梦想的时候都会引来一阵嘲笑。

王宝强在当年面对那些挫折的时候，他仍然坚持，数十年如一日地蹲在北京电影制片厂的门口等待时机。终于有一次，导演相中了他的憨厚的外形，邀他饰演《天下无贼》中的"傻根"，他成功了！"傻根"这个形象给观众们留下了深刻的印象，他也从此成了观众心目中的明星。

其实，挫折是一种考验。面对挫折，强者选择挑战，最后取得成功；弱者选择畏缩，最后失败。所以，在人生的路上，该干的事要想方设法，尽心尽力，义无反顾地去干，不管遇到多大困难，也要开动脑筋，咬紧牙关，坚持不懈，直到成功；不该干的事，即使有巨大的诱惑力，也要抑制自己，毫不动心，更不要越雷池半步。

同时，在人生的旅途上，不能有过多的驻足与停留，尽早认清自己的发展方向，通过有效的途径，全力以赴，不达目的誓不罢休。

如果你面对逆境，千万记住：不要让自怜、愤怒和憎恨影响你对自己的信心，不要因恐惧失败而使你庸庸碌碌虚度光阴，更不要因遭遇挫折而放弃努力。

世上没有神仙。从某种意义上说，没有经历挫折而成功的人是不存在的，没有一定阅历的人是不易马上承担重大责任的。困难、挫折、磨难、屈辱是人生中很容易出现的，反之是不正常的。所以，意志的锻炼是必要的。

我们应该辩证地看问题，当你遭遇挫折的时候，就是上天给你机遇的时候，正如孟子说："天将降大任于斯人也，必先苦其心志，劳其筋骨，饿其体肤"，所以，假如下次遇到挫折的时候，勇敢地面对吧！不要因为别人的一句否定而放弃了自己的梦想，不要被别人限制住了自己前行的脚步。

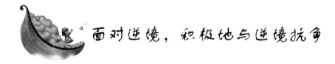

## 面对逆境，积极地与逆境抗争

人的一生总会遇到这样那样的挫折和逆境，包括那些成功的人，也并非一帆风顺，也都曾经在逆境中挣扎过。所以，当我们遇到挫折时，不必怨天尤人，而是要勇于面对逆境，积极地与逆境抗争。

所谓"谋事在人，成事在天"，是说运气对每一个人都很重要。在这个世界上谋事者芸芸众生，成事者寥若晨星。但是，不"谋"事的人，"成"就无从谈起。成就一番事业的人，首先需要的是鼓起勇气去勇敢地面对人生。不论遇到什么挫折，身处怎样的逆境，都不能放弃。

我们来到这个世界上，直到长大成人原本就很不容易。父母呕心沥血，承担起扶养教育的责任，亲友们也是无不给予殷切的关怀，他们都在期待你的成就。我们只要能够自立于社会，就是给予了他们莫大的欣慰。

到了今天，我们已经能够独立思考，已经具备了自立的能力。尽管历经坎坷，历经曲折，只要勇于去面对，就没过不去的坎儿。

诚然，勇于面对是需要很大的勇气的，尤其是当你遇到的是一般人不会有的逆境，并被别人难以想象的困难包围着的时候。你很有可能会在这样的境况中挺不住，寻了短见，或者消沉了，颓废了。其实，消沉是一个人的怯懦。当一个人失去了面对逆境的勇气，放弃了继续抗争的权利，也就等于放弃了自己多彩的人生，放弃了一切。

一切都放弃了，你就再也不会有机会去获得哪怕是一丁点儿的权利，自然也就无从谈论成功了。所以，当你遭遇挫折，面临困境时，你最需要的是面对困境的勇气。只要你敢于面对了，你就有机会捕捉常常是随之而来的成功机遇，追求多姿多彩的人生，品尝可以令你荣耀的新生活。

人生本就多姿多彩，磨难不过是这其中的一些调色剂而已。如果我们乐观一点，不妨把遇到的厄运看作是一个机遇。这样的机遇在平常的日子，在顺境的时候是碰不到的。这么一来，我们不但有了勇气，可以轻松地去面对厄运，而且平添了一份使命感。同样是过一辈子几十年，我们却有幸比别人多了许多不凡的经历，当我们经历了常人没有过的经历，就会体验到常人不会有的感受，获得一种不可能有的满足，因而也大可以自信自己会拥有常人不会有的美好未来。

勇于面对，然后是懂得面对，这并非容易之事。实际上，身处逆境需要懂得面对。而顺风顺水的时候，也要为争取领先或者保持领先而学会面对。总之，学会面对是极为重要的。因为重要，我们可以将自己的一生都看成是不停的各式各样的面对。事实上，我们要穷尽自己的智慧和胆识去面对。学会面对，不懈地面对，最终可把自己带向自己所期望的成功。

经过计划的事物也不一定完全可靠，也会发生意料之外的情况，这时候就更应该接受它，然后想办法处理它。所以，如果计划好的事在过程中发生问题，不必伤心也不必失望，应该继续努力，争取将损失减到最小，不要轻易放弃希望；如果经过详细的考虑，判断预先的结果不可能促成，那也只好放下它，这和未经努力就放弃是截然不同的。

这一切，都需要冷静。我们要告诉自己：任何事物、现象的发生，都有原因。我们不需追究原因，也无暇追究原因，唯有面对它、改善它，才是最直接、最要紧的。遇到任何困难、艰辛、不平的情况，都不能逃避，因为逃避不能解决问题，只有用智慧把责任担负起来，才能真正从困扰的问题中获得解脱。

在这个世界上，从来没有真正的绝境，有的只是绝望的思维。可口可乐公司总裁古兹·维塔曾经说过："一个人即使走到了绝境，只要你有坚定的信念，抱着必胜的决心，还是有成功的可能！"身处逆境或是遭遇挫折，往往更能激发出一个人的潜能和灵感，从而找到自己的出路，看到人生的希望。

只要不惧怕所遭遇的逆境和挫折，勇敢地面对并且积极地为自己创造机会，为自己点燃重生的希望，我们就会绝处逢生，离成功更近一步。

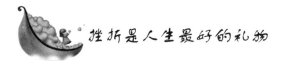

## 挫折是人生最好的礼物

人生的风雨是立世的箴言，挫折是人生最好的礼物。逆境并非绝境，人生"虽非尽是坦途在前，但也绝不可因一点小障碍而放弃走路"，要知道障碍过后，对于经历坎坷的脚来说，路会一点点变得平坦起来。历史告诉我们，英雄豪杰都是历经挫折才走向人生巅峰的。

爱迪生被誉为美国最有恒心的科学家。据说他在发明电灯泡之前，做过上万次实验。但是，请注意：爱迪生是在反复做实验，他坚持恒定的目标，将坚毅与尝试相融合，因而得到了回报。

坚毅，从某方面讲，并不能保证成功。坚毅只是成功的一个必

54

备因素，但是坚毅与尝试相结合，就能保证成功。

有一篇关于勘探石油的文章写道：石油公司在钻探油井前，要仔细地研究岩石的结构。然而，尽管他们所做的这些科学分析十分细致，但油井还是十有八九会变成干枯的洞。石油公司在勘探油井方面的确很有恒心，而且他们并不是随便把一个洞挖得深深的就了事，相反，当他们发现前一个油井产不出石油时，就会找寻新的油井。由此，我们可以想象，无论要成就什么事业，成功是没有什么捷径的，恒心和技巧都不可或缺。

取得成功另一个因素是坚持，一个人短暂的努力可能不会有任何成效，唯有坚持不懈地长久努力才有可能到达目的地，取得成功。大诗人李白小时候十分贪玩，常常读书读到一半就跑出去玩了。有一次，他在河边遇到一位老奶奶正在磨铁棒，李白很好奇，跑上去问她原因。老奶奶语重心长地告诉李白："我想要把铁棒磨成一根绣花针。"李白大受感动，连忙跑回家刻苦读书，终于成为一代诗人。

一个人的成功是没有快捷方式的，而是要每天储存一点成功的资本，才有机会筑起一条成功的道路。

成功，表面上看是一件风光的事，但是，又有几个人能看到成功背后的辛酸和血泪？任何人的成功都不是轻易得来的，许多成功人士也是从逆境中走过来的，正是因为经历了一次次失败和苦难，才使他们在逆境中奋发，最终达到了自己的人生目标。

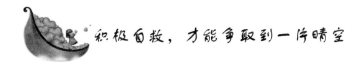

## 积极自救，才能争取到一片晴空

有时候我们渴望得到别人的帮助，认为外部的帮助是自己的一种幸运。但是，外部的帮助往往会留下隐患。其实，给予我们精神上鼓励和鞭策，促使我们自立自强的人才是我们真正的朋友。

一个人在屋檐下躲雨时，看见一个和尚正撑伞走过。这人说："大师，普度一下众生吧，带我一段如何？"

和尚说："我在雨里，你在檐下，而檐下无雨，你不需要我度。"

于是这人跳出屋檐，站在雨中说："现在我也在雨中了，该度我了吧？"

和尚说："我在雨中，你也在雨中，我不被淋，因为有伞；你被雨淋，因为无伞。所以不是我自己度自己，而是伞度我。你要被度，不必找我，请自找伞！"说完便走了。

当我们遭遇苦难的时候应该立足于自救，而很多人还是把自己的命运寄托在别人身上。只有当一个人对所有外部的帮助都不抱有奢望的时候，他才会意识到必须自力更生，尽自己最大的努力摆脱困境，否则自己就要彻底地失望。

有一位女士，只要遇到一点不顺心的事情就胡思乱想，给自己制造烦恼。舞场上男士没有邀她去跳舞，她心里烦恼；年终没评上先进，她也心里烦恼；碰上某个领导没有向她打招呼，她还烦恼……而且烦恼一来，她就会好几天精神萎靡。虽然她试图克制自己，但收效甚微。

后来在心理医生的建议下，她每天写 20 分钟日记。心理医生还告诉她，这个日记是写给自己的，既要写出正面，也要写出负面，这样就可以把消极情绪从心里驱走，留在日记里。

从那以后，这位女士坚持记日记，通过记日记来发泄自己的烦恼，遇上自己爱猜忌的事，便在日记里自己说服自己。她曾在一篇日记里写道："今天我在楼梯上向某局长打招呼，可某局长阴着脸，皱着眉头，理都没理我。我想他的态度冷漠不是冲着我来的，八成是家里出了什么事，要不然就是挨了上级的批评。"在日记里这么一写，她心里的疑团一下子就烟消云散了。

她还在另一篇日记里提醒自己："我翻阅上月的日记，发觉那时的烦恼现在完全消逝了，这说明时间可以解决许多问题，也包括烦恼在内。如果以后我遇上新的烦恼，就要不断地提醒自己：现在何必为它烦心，我何不采取一个月后的忘却状态来面对眼下的烦恼？"

生活中有各种令人烦恼的事困扰着我们，但我们不能一味地被烦恼所侵袭，应该学会尽力摆脱烦恼，积极自救，尤其不能自寻烦恼，否则只会让自己心绪不安、心情沮丧。

公司要裁员，内勤部的小晴与小文被确定一个月后离岗。那天，

不怕输才会赢

大伙担心她们难以接受眼前的现实，所以对她俩都小心翼翼，更不敢跟她们多说一句话。

直到第二天，小文的情绪仍很激动，她感觉自己的心里憋屈得很，只好找杯子、文件夹、抽屉来撒气。有同事想劝她几句，她都表现得怒气冲冲，像吃了火药似的，谁跟她说话就向谁开火。大伙儿的心被她提上来又摔下去，空气都快凝固了。由于同情她的遭遇，同事们也只得忍着，不再说什么。

小文的糟糕情绪最终影响到自己的本职工作，原先她负责的为办公室员工订盒饭、传递文件、收发信件的工作，现在也懒得去理了。同事们看她一副愁容满面的样子，也就不再支派她工作。她的心也变得异常敏感，每当别的同事之间小声说点什么，她就怀疑他们在背后嘲笑她。她每天用异样的目光在每个人脸上扫来刮去，仿佛有谁在背后捣她的鬼。许多同事开始怕她，都躲着她，大家都有点讨厌她了。

与小文不同的是，裁员名单公布后，小晴虽然也忍不住哭了一个晚上，而且第二天上班也是无精打采，但当她打开电脑、拉开键盘时，就把工作以外的事都抛开，和以往一样地勤恳工作。小晴见大伙不好意思再吩咐她做什么，便特地跟大家打招呼，主动揽活。她说，是福跑不了，是祸躲不过，反正都这样了，不如干好最后一个月，以后想干恐怕都没机会了。小晴仍然勤奋地打字复印，随叫随到，坚守在她的岗位上。

一个月满，小文如期下岗，而小晴却被从裁员名单中删除，留了下来。主任当众传达了老总的话："小晴的岗位谁也无法替代，像她这样的员工，公司永远不会嫌多！"

不同的态度带来的是不同的结果，小晴以自己面对不测的从容淡定和矢志不渝的积极的人生态度"拯救"了自己。

人人都有可能遇到一些不测，关键在于我们如何去面对，情绪化往往会给我们带来负面的影响，唯有遇事调整好自己的情绪，抱着"兵来将挡，水来土掩"的超凡心态，不计较，不抱怨，积极应对，自我救赎，才能为自己争取到一片晴空，把自己的命运牢牢掌握在自己的手中。

 **所有成功都是磨炼出来的**

所有成功都是磨炼出来的，成功的人并非是一出生就一路平坦，每一个成功人士的背后都付出了种种艰辛，都是经历了生活的诸多锤炼，才一步步有了后来的成就。

谭盾 1986 年毕业于中央音乐学院研究生院，同年获美国哥伦比亚大学奖学金，赴美国哥伦比亚大学继续深造。谭盾被新闻界、艺术界称为"新潮音乐"、"先锋派音乐"、"崛起的一代"中的代表人物之一。到美国后，数家知名乐团聘他为乐团作曲，并出任 BBC 交响乐团（苏格兰）驻团作曲兼副指挥，1988 年在美国举办了个人作品音乐会。后来凭《卧虎藏龙》主题曲获得了第 73 届奥斯卡最佳原创音乐奖。

这个看上去一路风光的著名音乐家，其奋斗的历程却充满了艰辛。1986 年，拿到了哥伦比亚大学奖学金的谭盾，带着改变西方音乐的决心和梦想来到了纽约。刚到纽约的时候，谭盾的生活和许多中国留学生一样，为了生活，除了要在餐馆里洗盘子之外，还要到街头拉琴。在接受采访时他说："我一般都是在凌晨 3 点钟拉琴，因为白天要读书，傍晚要去打一份工，到晚上 10 点才能做功课，做完功课就想明天的饭钱怎么办，明天买书的钱哪里来？"

后来，谭盾靠着卖艺攒下的钱，进入音乐学校进修。在学校的那段时间，谭盾把自己所有的时间和精力都倾注在提升音乐素养和琴艺之中。正是靠着对梦想的执著，他才克服了种种艰辛，用毅力一步步走向成功。

我们在给别人送祝福的时候，常常会在最后写一句"祝心想事成，万事如意"，这表达的仅仅是我们的一种美好愿望罢了，谁的人生真的能够一帆风顺呢？古语有云："天将降大任于斯人也，必先苦其心志，劳其筋骨。"一帆风顺只不过是一个希望，纵观那些成功人士，没有一个不是在艰难的摸爬滚打中走出来的。

**58**

在人生的竞技场上，成功之所以弥足珍贵，就是因为失败的次数总是远远多于成功的次数。有时候，我们常常羡慕那些成功人士，认为他们有着不同寻常的天赋，或者上帝更垂青他们。事实上，所谓成功的人生并不是没有失败的人生，而是战胜失败的人生。一个真正的成功者总会在无数次的跌倒后重新坚强地站起来。

麦当劳金黄色的"M"标志早已遍布世界的各个角落，家喻户晓。而且，几乎每隔大约四小时在地球的某一个角落就会矗立起一面崭新的金黄色"M"招牌。

没有多少人知道，这个庞大帝国的创办人雷蒙德·克罗克，在创业的时候已经52岁了。还不只是如此，当时他还一身是病：他被割掉了胆囊，罹患糖尿病与关节炎，甲状腺还有肿大的现象。即使道路走得艰难，但雷蒙德最终还是成功了。

另一个庞大帝国肯德基的创始人哈兰·山德士似乎比雷蒙德·克罗克更不幸，66岁之前，他一直在家乡美国的肯塔基州经营餐厅，他精心研制发明的炸鸡吸引了无数顾客慕名而来。在他66岁的时候，他的事业面临危机，由于餐厅附近要修建高速公路，使得他不得不售出这间餐厅。66岁的他不想靠福利金过日子，便开始到处去推销他的炸鸡配方。在两年时间里，他被拒绝了1009次，终于在第1010次走进一个饭店时，得到了一句"好吧"的回答。他的事业就从这第1010次开始了。

没有谁是注定的成功者，也没有谁天生就是失败者，成功都是被无数次失败敲打出来的。如果一个人从来没有失败过，那么他也一定没有成功过。那些今天被成功的光环笼罩着的人物，之前不过也是普通平凡如这世间的一粒尘埃，他们之所以变成了金子，就是因为他们经过了无数次失败的打磨。

肯德基的创始人哈兰·山德士说："人们经常抱怨天气不好，实际上并不是天气不好。只要自己有乐观自信的心情，天天都是好天气。"哀叹人生的艰难对于我们的成功没有任何益处，反而会消磨我们的意志。生活中没有一帆风顺，只有在经历过无数次的失败之后，下一次可能就是成功。

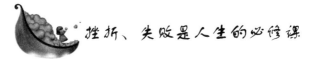
挫折、失败是人生的必修课

世界并不完美，人生本无坦途，通向成功的道路布满了荆棘，充满数不清的艰难、困苦、辛酸与煎熬。一个人的一生，就是不断与挫折搏斗的一生。无论你贵为一国之君，或是平民百姓，都会在各自不同的生活环境里遭受挫折、失败，这是人生的必修课。

在漫长的人生道路上，谁都难免遇上厄运和不幸。但生活的脚步不论是沉重还是轻盈，我们从中都要品尝失败的痛苦，同时也要学会享受收获与快乐。我们要善于总结跌倒的教训，在哪里跌倒就在哪里爬起来，告别迷惘的昨天，珍惜美好的今天，微笑着面对明天，充满信心，展望更加灿烂的后天。不管是从辉煌成功中走出，还是在失败中奋起，漫漫人生路才是我们不懈的追求。

无论是面对逆境，还是一直走在坦途之上，只有怀着积极心态的人，才能不断地超越自己，才能在未来世界的发展之中立于不败之地。因此，每一个人都要勇于更新自己的思维方式，转换自己的生存状态，调整好自己的情绪，在人生道路上稳健地前行。

当我们面对失败的时候，应该对自己说：不要灰心，失败并不可怕，从哪里跌倒就从哪里爬起来，翻过这道坎儿前方可能就是坦途。

人类科学史上的巨人爱因斯坦，在报考瑞士联邦工艺学校时，竟因三科不及格落榜，被人嘲笑为"低能儿"。被誉为"东方卡拉扬"的日本著名指挥家小泽征尔，在初出茅庐的一次指挥演出中，曾被中途"轰"下场来，紧接着又被解聘。为什么厄运没有摧垮他们？因为他们眼里始终把坎坷看作人生的轨迹，是人生的一种磨炼。假如他们没有当时的厄运和无奈，也许就不会有日后绚丽多彩的人生。

世上有许多的事情是难以预料的，成功伴随着失败，失败伴随着成功。面对成功或荣誉，不要狂喜，也不要盛气凌人，把功名利禄看轻些，看淡些；面对挫折或失败，要像爱因斯坦、小泽征尔那样，不要忧伤，更不要自暴自弃，把厄运羞辱看轻些，看开些。

我们在一生中难免会有得意与失落的时候，"三十年河东，三十年河西"，在困难到来的时候，不需要你拼命地往前去冲，只要你别向后退缩，咬着牙挺过去，把手头的事做好了，幸福也就不远了。

成功了要时时记住，世上的任何一种成功或荣誉，都依赖周围的其他因素，不是你一个人的功劳。失败了不要一蹶不振，只要奋斗了、拼搏了，就可以无愧地对自己说："天空没有留下我的痕迹，但我已飞过。"这样就会赢得一个广阔的心灵空间，得而不喜，失而不忧，把握自我，超越自我。

人生本无坦途，太顺利了未必就是一件好事。人的一生，既要享受生活带给你的幸福，也要能承受生活带给你的磨难。生活是一把双刃剑，穷有穷的开心，富也有富的烦恼，重要的是你的心态，心态不正，你的快乐就会很少；心态正了，快乐就会随时在你身边。

人世间的风风雨雨，就是这个世界赐予我们的智慧，一个人越是经风雨、见世面，他的阅历就越广；阅历越广，大脑开发的程度就越高；大脑的开发程度越高，拥有的智慧就越多。

我们对生活、对周围的世界应该有更多的宽容，别羡慕别人完美，也别苛求自己完美。一个人一生中的坎坷，不是苦难，而是财富。每一个挫折与失败，都是一次痛苦的记忆和教训，但也是灯塔、航标，是未来人生路上的指南针。

第三章 越挫越勇：赢得起也要输得起

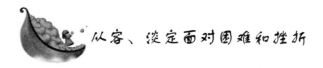 从容、淡定面对困难和挫折

世界上每个人都会遇到这样那样的问题和困难，几乎没有人一辈子都是顺风顺水、事事如意的。当我们遇到困难和挫折，不必泄气，也不必烦恼，最好的办法是：再从容淡定的平和心态去对待，把困难和挫折当作我们生活当中很平常的一部分，然后循序渐进地去——化解。

61

在日本，一个名牌大学毕业的研究生在学校学习期间一直表现得非常优秀。毕业后，他信心十足地到一家大公司去应聘。在招聘考试中，这个研究生自以为充分展示出了自己的优势，一定能够得到这份工作。

然而两周后，他接到了公司的拒绝录用通知，通知上显示，他的成绩位居所有应聘人员的最后一名。他一下子就觉得整个世界都坍塌了，失望和愤怒使得他完全失去了理智，竟于当晚吞下大量的安眠药自杀，幸亏被家人及时发现，才救回了他的生命。

就在研究生住院期间，竟然意外地又收到那家公司的一封信，信上是这样写的："首先，很抱歉地告诉您，您的成绩是这次应聘考试中最高的。因为本公司的计算机系统出了问题，所以误打了您的分数。但是，我们还是决定拒绝录取您，因为听说了您自杀的事情，我们都觉得以您这样的心态不能胜任您将要承担的工作。"

因为自己一时的情绪失控，使一个踌躇满志的青年才俊失去了几乎已经到手的工作机会，给他的一生都留下了难以磨灭的阴影。

人生道路上出现挫折和困难是不可避免的，就像每个人在走路的时候都可能会遇到一些小水洼或荆棘杂草，甚至泥淖陷阱。有些人遇到这些就望而却步，选择放弃，于是总是与成功失之交臂；而在另外一些人的眼里，这些都是人生旅途中很平常的事情，他们积极想办法克服障碍，勇往直前，不放过每一次成功的机遇，所以最后的成功往往属于他们。

德国著名哲学家费希特年轻时，去向大名鼎鼎的哲学权威康德讨教。不料康德对他很冷漠，断然拒绝了他。碰了个大钉子的费希特并未因此而放弃和气馁，而是从自己身上找原因。他想：我这样两手空空前来拜访，不如拿出自己的成果来证明自己。

下了这样的决心以后，费希特于是埋头苦学，终于完成了一篇名为《天启的批判》的论文呈献给康德，并附上一封信。信中说："我是为了拜见自己最崇拜的大哲学家而来的，但仔细一想，对自己是否有这种资格都未审慎考虑，感到万分抱歉。虽然我也可以请其他名人写推荐函，但我决定毛遂自荐。这篇论文就是我自己的介绍信。"

康德细读了费希特的论文，不禁拍案叫绝。他为费希特出色的才华和独特的沟通方式所震惊，便亲笔写了回信，邀请费希特来和自己一起作深入的探讨。后来，费希特成为德国著名的教育家和哲学家。

如果费希特在遭到康德的一次拒绝之后，就开始灰心失望、悲观沮丧，开始怀疑自己、怨天尤人，而不是用理智的思考与平和的心态去对待，恐怕就不会有后来的成就。

很多时候，我们并不是遭遇的挫折太多，而是没有用一个平和的心态去对待挫折。如果我们只是把挫折当成一种平常的磨炼，并努力去克服，那么我们就会最终战胜它，赢得成功。而如果我们就因为一次小小的挫折就失去了斗志，让埋怨和失望的情绪主导自己的思想意识，我们就很有可能永远在成功的大门外徘徊。

勇敢镇定地去面对人生路上不可避免的困难和挫折，这不仅仅是一种心态，更是一种智慧，它能够让我们在关键的时候不迷失自己，为自己的人生道路开辟一条光明大道，成就自己的目标和心愿。

小泽征尔曾经只是日本一个名不见经传的小人物，而后来成为足以征服世界的国际级音乐家、著名指挥家。之所以能够在全球范围内建立自己的如此地位，是基于小泽征尔在法国贝桑松音乐节的国际指挥比赛上的出色表现。

为了向世人证明自己的才华，小泽征尔决定参加贝桑松的音乐比赛，并充满信心地来到欧洲。但到当地后，立刻就有一个难关在等着他。

原来，在小泽征尔到达欧洲之后，首先得办理参加音乐比赛的手续。因为他的证件竟然不齐全，音乐节执行委员会不能给予他参赛资格，也就是说他将无法参加期待已久的音乐节了！绝大多数的音乐家在遇到这种状况时，通常是就此放弃。但小泽征尔却不同，他不但没有打算放弃，而是平静地接受了这个事实，然后积极地想办法。

首先，他来到日本大使馆，说明整件事的原委，然后要求大使馆提供协助，但日本大使馆无法解决这个问题。正在束手无策之际，他突然想起朋友曾经跟他说过："美国大使馆有音乐部，凡是喜欢音

63

青少年心理品质丛书

乐的人，都可以参加。"

于是，他立刻赶到美国大使馆。这里的负责人卡莎夫人过去曾在纽约的某音乐团担任小提琴手。在接到小泽征尔的诉求之后，卡莎夫人面有难色地表示："虽然我也是音乐家出身，但美国大使馆不得越权干预音乐节的问题。"一切看来似乎已经无法通融，但在小泽征尔不停地恳求下，原本表情僵硬的卡莎夫人的脸上逐渐浮现出笑容。

思考了一会儿，卡莎夫人问了小泽征尔一个问题："你是个优秀的音乐家吗？或者是个不怎么优秀的音乐家？"

不怕输才会赢

小泽征尔坚定地回答："当然，我自认为是个优秀的音乐家，我是说将来可能。"他这几句充满自信的话，让卡莎夫人的手立刻伸向电话。她联络了贝桑松国际音乐节的执行委员会，拜托他们让小泽征尔参加音乐比赛。结果，执行委员会回答，两周后作最后决定，请他们等候答复。

此时，小泽征尔心中升起了一丝希望。两个星期后，他收到美国大使馆的答复，告知他已被获准参加音乐比赛。在自己不懈的努力下，他终于取得了正式参加贝桑松国际音乐指挥比赛的资格！在后来的比赛中，他很顺利地通过了第一次预选，进入决赛阶段。此时，他在自己心中暗暗地鼓励自己："好吧！既然我差一点就被逐出比赛，现在就算不入选也无所谓了！不过，为了不让自己后悔，我一定要努力。"

功夫不负有心人，比赛的结果出乎包括大赛组织者在内的所有人的预料，小泽征尔获得了冠军，从而取得了世界大指挥家的不可动摇的地位。

如果小泽征尔在刚开始被人拒绝的时候就灰心丧气，放弃比赛，那么或许就根本没有他日后的辉煌成就。可见，我们在任何时候都要保持战胜困难的决心和勇气，遇到问题不要抱怨和愤怒，而是要想办法去解决，这样才能让我们的才华得以发挥，让我们的目标得以实现。

64

能够勇敢面对困难和挫折的人，从来不会因别人的误解而愤愤不平，更不会因人生艰难而退缩，而是以积极的情绪给自己带来勇气和必胜的信念，不让改变自己命运的机遇旁落。

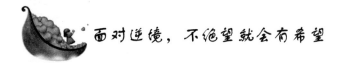 ## 面对逆境，不绝望就会有希望

在我们面临逆境的时候，重要的不是这种处境本身的情况，而是我们面对这种糟糕处境时的情绪。很多时候，我们面对逆境，非常容易陷入绝望。其实，我们应该积极地面对那种让人感到绝望的处境，像我们解决吃饭、睡觉的问题一样去战胜它。如果消极对待，坐以待毙，只能让自己身陷绝境。

其实，很多时候我们自以为到了绝望的边缘，那些再也没有什么办法能解决或者什么人能帮助我们的事情，在别人眼里却是无足轻重的。这个道理很简单，不是我们主观地夸大了事实，就是我们经历过的事情太少了，那种消极负面的心理占据了我们心灵太大的空间。

康妮小姐被美国某汽车公司制造的一辆卡车撞倒，司机虽然踩了刹车，卡车还是把康妮小姐卷入车下，导致她被迫截去四肢，骨盆也被碾碎。康妮小姐陈述不清楚自己是在冰上滑倒跌入车下的，还是被卡车卷入车下的。马格雷先生则巧妙地利用各种证据，推翻了当时几名目击者的证词。康妮小姐败诉。

伤心、绝望的康妮小姐向詹妮芙·帕克小姐求援。詹妮芙通过调查发现，该汽车公司的产品近年来几次车祸的原因完全相同：该汽车的制动系统有问题，急刹车时，车子后部会打转，把受害者卷入车底。

詹妮芙对马格雷说："卡车制动装置有很大的问题，你隐瞒了这一事实。我希望汽车公司拿出 200 万美元来给那位姑娘，否则，我们将会提出控告。"

马格雷回答道："好吧，不过我明天要去伦敦，一周后回来。我们先研究一下，作出适当安排。"

一周后，马格雷却没有露面。詹妮芙感到自己上当了，但又不

知道为什么上当，她的目光扫到日历上时才恍然大悟：诉讼时效已经到期了。詹妮芙愤怒地给马格雷打电话。马格雷在电话中得意洋洋地放声大笑："小姐，诉讼时效今天就要过期了，谁也不能控告我们了！希望你下一次变得聪明些！"

詹妮芙几乎要气疯了，她问秘书："准备好这份案卷需要多少时间？"

秘书回答："大概需要三四个小时。现在是下午一点钟，即使我们用最快的速度草拟好文件，再找到一家律师事务所，由他们草拟出一份新文件交到法院，也来不及了。"

詹妮芙急得在屋中团团转，绞尽脑汁地想办法：该汽车公司在美国各地都有分公司，可以把起诉地点往西移，隔一个时区就差一个小时，这样诉讼时效就不会过期了。

位于太平洋上的夏威夷在西十区，与纽约时间相差应该是整整5个小时！她决定就在夏威夷起诉！

詹妮芙赢得了至关重要的5个小时，她以雄辩的事实、催人泪下的语言，让陪审团的成员们特别感动。陪审团一致裁决：詹妮芙胜诉，该汽车公司赔偿康妮小姐600万美元损失费！

詹妮芙·帕克小姐当时的处境可想而知，似乎败诉已成定局，但是她还是充满希望，积极寻找处理事情的办法。她及时地采取了灵活的措施，用自己的实力、能力、专业技术去争取，去努力，去战胜那些困难的事。

栽在贫瘠土壤中的花木，再怎么长，也会因养料的缺乏而显得虚弱。如果把它移栽到适宜它生长的地方，有好的养分供给，有充足的阳光照射和雨露的滋润，它就会茁壮成长。同样，我们作为人，换一种活法，也会有不同的人生境遇。

当我们处于绝望的时候，应该转换一下自己的情绪，一时的绝望绝不是失去所有的希望，而是需要我们作出重新选择，另辟蹊径，继续前行，把命运牢牢掌握在自己的手中，坚持就是胜利！

# 第四章　历经苦难：先输后赢，逆境中奋发

　　人的一生难免会遇到不如意，也难免会遭受苦难。不曾跌倒的人永远都不知道跌倒的滋味，更不知道跌倒了如何爬起来。对于那些踏实上进、永不放弃的人，苦难永远是一笔可贵的财富。

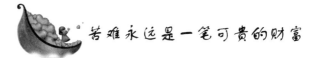

## 苦难永远是一笔可贵的财富

不怕输才会赢

人的一生难免会遇到不如意，也难免会遭受苦难。不曾跌倒的人永远都不知道跌倒的滋味，更不知道跌倒了如何爬起来。对于那些踏实上进、永不放弃的人，苦难永远是一笔可贵的财富。

苦难就像是人生的一座桥，生命必须从此经过。经历过各种挫折与失败，你就会明白：苦难也是一种收获。因为不经历挫折，怎知道生之艰难？不经历创伤，又怎知生命的真谛？当你遇到挫折时，勇敢地战胜它，并且远离了苦难，你就会真正地领悟：苦难其实也是一笔丰厚的财富。

苦难是一部深奥的书，读懂了才是福。就好像月有阴晴圆缺一样，每个人的一生都不可能总是在鲜花和掌声中度过，挫折和磨难是与人生相依相伴的。当痛苦降临时，有的人自怨自艾，意志消沉，一蹶不振，而有的人不屈不挠，与痛苦搏斗，与苦难抗争。在这个过程当中，他们感悟了人生的真谛，领略了世间的人情冷暖。

许多人都看过《钢铁是怎样炼成的》，相信大部分人都会被保尔·柯察金顽强不屈、勇于献身的崇高精神所震撼，他的身躯尽管伤残但是高大。身受宫刑的司马迁，惊人地写出了一部"史家之绝唱，无韵之离骚"的《史记》。

那么，是什么造就了他们坚韧不拔的意志？又是什么赋予他们震撼天地的力量？是他们经历了常人没有经历过的苦难。这些苦难和挫折没有将他们压倒，却成为他们通往成功道路上一张可贵的"通行证"。

苦难并不可怕，可怕的是没有勇气去面对。苦难培育情怀，造就栋才，孕育人的毅力和能力！人有了毅力和能力便会具有非凡的创造力。苦难是一门必修的课程，经历过苦难的人才会懂得，痛苦其实是一种快乐，苦难其实是一种财富。因为只有品尝过苦难的人，才能真正理解快乐，才能得到真正的幸福。

曾经有一位哲人说过："挫折和困难是送给年轻人带刺的玫瑰，它最终会引来幸福的成功。尽管它曾经刺破我们稚嫩的双手。"勇气与毅力正是在不断地跌倒又爬起的过程中增长，最终使我们走向成功的。因此，经历苦难并不是一件坏事，而是人生中必经的阶段。

在日常生活中，我们不仅需要金钱、房屋等物质财富，还需要丰富的精神财富，而苦难正是我们需要的一笔财富，甚至是一种比幸福更可贵的财富！

从某种意义上说，困难与障碍并不是我们的仇人，而是我们的恩人。苦难对于追求上进的人，是一种磨炼。在苦难中生存过的人，往往会对生活心存感激，他们会把苦难当作一笔巨大的精神财富。对人起催化作用的也许是生活中的困难，但起重要作用的是由苦难转化而来的经验，它引导人们走向成熟，走向成功的彼岸。

苦难是一所学校，因为它能够磨炼一个人的意志。许多人因为没有经历过苦难的锻炼，因而无法发挥自身的潜能。正因为苦难的出现，才让我们体内克服障碍、抵制苦难的力量得以发展。这就好像森林里的橡树，经过千百次暴风的摧残，非但不会折断，反而愈见挺拔。同样道理，人们经历的种种挫折与苦难，也可以激发人们的潜能，锻炼人们的意志。

苦难毕竟是人生的一大阻碍，要战胜它不但需要勇气，还要有与之对抗的毅力与决心，这样我们离成功也就不远了。

苦难是人们最好的老师。年轻人不应该抱怨苦难，因为只有在逆境中，才能锻炼我们的意志，促使我们成就大业。有这样一句古训："宝剑锋从磨砺出，梅花香自苦寒来。"经历苦难是通往成功的必经之路，只有脚踏实地地在崎岖的人生道路上披荆斩棘，经过苦难的磨炼之后，我们才能登上成功的顶峰。

"假如生活欺骗了你，不要悲伤，不要心急。忧郁的日子里需要镇静，相信吧，快乐的日子将会来临。心儿永远向往着未来，现在却常是忧虑。一切都是瞬息，一切将会过去。而那过去了的，将会成为亲切的怀念。"诗人普希金曾经饱受磨难，甚至有过被流放到荒芜小岛的经历，正是这些苦难成就了这伟大的诗篇。

逆境能造就坚强的人生，不经历挫折，哪会有成功？只有在人生中遇到苦难，才能使我们打开成功的大门。让我们一起感谢苦难，用一颗坚韧的心去迎接苦难的挑战。

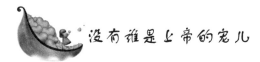 没有谁是上帝的宠儿

在一扇门关上的时候，会有另一扇门打开。人的一生难免遭遇逆境，关键在于我们用什么样的人生态度面对逆境。当我们面临逆境的时候，不要悲观地认为世界末日就要来临。要知道，逆境的背后往往隐藏着更大的机遇。只要我们端正心态，就会发现，逆境是一所锻炼人的学校，它可以磨砺人的意志，变懦弱为坚强；它可以催人上进，促使人奋发图强。

逆境告诉我们，自己仍有不足之处，这是到了需要我们警醒，需要我们提高自己的适应能力的时候了。逆境的挑战与压力，激发人的潜能，去经历人生中的风风雨雨。

1794年一个阴沉的黑夜，25岁的拿破仑沿着塞纳河堤心情沮丧地走着。孩提时被贫困所压迫，年轻时受政治迫害，现在他离开军队，身无分文，几乎想带着25年辛酸的往事投入一江寒水。

大作家福克纳因为生计问题，小学五年级辍学去做房屋油漆匠和洗盘子的杂工，他一度梦想上大学，可是一年级就因为语言不及格被迫退学。后来他在密西西比州一个小镇上谋到一份邮政局长的小差事，但因为把邮件搞得乱七八糟而使顾客大为愤怒。直到25岁以后，他才有了机会，走上后来使自己富有的写作道路。

杜鲁门总统青年时期的穷途困境就更令人难以忍受，由于视力不佳没能进入西点军校，他在药店、银行、装瓶厂、铁路调车场等十几个工种上尽心尽职，境遇却很长时间没能改善。

林肯和孙中山，还有许许多多大人物都曾有过比我们难过不知多少倍的艰苦生活，甚至还备受虐待，但他们却坚韧地承受艰辛，并用恒久的努力打破了重重围困，取得了非凡的成功。

司马迁作为太史公的儿子，本来前程光明，可为了他的朋友李

陵，竟然触怒了汉武帝。有人传言李陵投降匈奴，他就向皇帝说这是误会。结果没有想到，皇帝一怒之下，下令把他打入牢狱，处以宫刑。遭此奇耻大辱，司马迁不但没有沉沦，反而发奋振作，写下了千古名著《史记》，被鲁迅先生誉为"史家之绝唱，无韵之《离骚》"，到现在都是中国最伟大的著作之一。

全世界非常有名的著作，很多是作家在监狱里面写的。像现在我们大家喜欢研究的《易经》，就是周文王被商纣抓去关在监狱的时候写的。

《马可·波罗游记》的作者，这位意大利的旅游家离开中国回到意大利之后，竟然卷入一场战争——威尼斯热那亚的战争。他被抓到热那亚的监狱关起来，在监狱里面完成了《马可·波罗游记》。还有一本书，叫《堂·吉诃德》。是西班牙的作家塞万提斯在监狱里面写的。文天祥那首著名的《正气歌》也是在监狱里写的。

人生短暂，生命无常，一个人没有悲观的权利！

即使面对再恶劣的环境也要立即投入，在环境中去适应，并用不同的角度来欣赏超越困境的艺术。

穷困也可以使人超越。全世界最有名的乐曲，其作曲家多是在最贫困的环境中长大的，包括贝多芬、柴可夫斯基、莫扎特。尤其贝多芬，中年时就耳聋了。一个音乐家、作曲家，耳聋对他而言简直是致命之伤，因为他没有办法听到自己作的曲子。但他竟然还能写出非常了不起的曲子。莫扎特更了不起，被钱所逼，贫病交加，身体的病痛很多，知道自己根本不能再写了，竟然为了钱还答应人家写《安魂曲》。结果，写到一半他就去世了，后来还是他的学生来完成的。

一个人贫困，那是物质环境的缺乏，但是要让自己的精神富有。怎样精神富有？多看书，贫者因书而富，因为读书可以使人有智慧，可以改变人的一生。

苦难一次，会对生活的意义理解加深一步；苦难一次，会对成功的内涵领悟透彻一层；苦难一次，会对幸福的真谛体会更加深刻。

逆境使人警醒，催人奋进，给人以坚毅的品质和不屈的力量。

成功并不是某些人的专利，也不只是某些人的幸运。正处在逆

第四章 历经苦难：先输后赢，逆境中奋发

71

境中的人和计较自己久不得志的人应该相信，成功的机遇对于我们和那些成功者都是百分之五十的可能。没有谁是上帝的宠儿，或者说我们都是上帝的宠儿，因为上帝给了我们每个人百分之五十的成功的可能，只要我们坚持不懈地努力了，这种可能就会实现。

## 任何事物都不会一成不变

大家都知道，人类社会任何时候都存在着诸多矛盾，贫富差距只是诸多矛盾中的一种表现形式。往大了说，在中国的历史上，不是曾经有过像康乾盛世那样的辉煌吗？但同时也有过许多的屈辱历史。不是总说落后就会挨打吗？什么叫落后？落后的结果是贫穷，贫穷会导致落后。曾几何时，封建统治的中国被折腾成了外国列强砧板上的肉，任其宰割。这样的历史如果长期延续下去，中国早就不复存在了。但是，哪里有压迫，哪里就有奋斗。中华人民不会甘愿忍受压迫和屈辱，经过多少代人不懈的奋斗，中国民族最终站起来了。如今的中国，还有哪个敢小觑！

往小了说，一个企业、一个家庭乃至一个人，也会因为各种因素，随着时代的变迁而发生不同的变化。霍英东可以从一个苦力变为富豪，你也完全可以从一文不名的穷人，摇身一变成为腰缠万贯的富翁。问题是你要顺应潮流，随着事物的变化而变化。

20世纪的那段岁月里，整个中国都在吃大锅饭，你想发财却不给你发财的机会，所以那时候没有人能发大财。时代在今天发生了变化，财富大门洞开，发财致富的道路有千万条，你不抓住这样的大好机遇更待何时！

"弱肉强食"是丛林法则的最初表现形式，然而，它并不是全部的结果。弱者还可以通过互惠互利达成结盟，让自己变得强大起来，以扭转自己的弱势局面，从而避免自己被别人吞噬。大到国家和政权间的竞争，小到企业间、人与人之间的竞争，都要遵循丛林法则。至于最终的结果，则要看各自的造化、智慧和实力。

丛林法则告诉我们：如果不想被饿死，你至少得成功地捕到食物。所以就有了"大鱼吃小鱼，小鱼吃虾米，虾米吃淤泥"这样一个弱肉强食的残酷局面。

丛林法则还告诉我们：物竞天择，适者生存。由于你已经进入了丛林，你就不得不面临严酷的现实。为了让自己在这种环境中生存下来，你必须得具有强烈的对生存的渴求，充分发挥自己的潜能，来营造自己的生存空间。

总之，自然界的生存资源是有限的。当今社会也是一样，财富资源同样是有限的，不可能让每个人都成为富翁，总会有贫富之分。换句话说，如果你成不了富翁，相对来说你就是穷人。

你如果不想继续贫穷，你就要遵循自然界的丛林法则，首先要使自己尽快成为"有实力的动物"，必须不断地接受各种挑战，通过不断地创新、变革来实现自己在丛林中有尊严的生存理想。

谭传华曾是一个重庆农村的青年，本来有着健康的体魄，不幸的是18岁那年在河里炸鱼时失去了右手。这种不幸改变了谭传华的人生轨迹。

对于一个农村青年来说，失去一只手，就等于失去了劳动能力。也就是说，谭传华不幸由一个丛林中的中上阶层的成员一下子沦为一个弱者。既然是弱者，就会因为残酷的丛林法则而面临淘汰。

为了生存，谭传华必须要使自己由弱者变为强者。然而，失去了劳动能力的谭传华要做到这点比别人困难得多。谭传华没有因为自己是个残疾人而自甘沉沦，不能做体力劳动就只有另辟蹊径去做生意。他卖过红薯，贩过中药，开过预制板厂，也开过花店，这些都没能使谭传华摆脱贫穷的命运。

这了生存下去，迷惘的谭传华在游历了一大圈之后，又回到原点。他回家创办了一间工艺美术厂。当他带着生产出来的产品去广州参加工艺博览会时，发现别人同类产品的标价比自己的成本还低，对于谭传华来说，这无疑是一个不小的打击，因为此路不通。

极度沮丧的谭传华在逛商场时，了解到木制梳子在商场里好卖，这对于祖辈、父辈都是木匠的谭传华来说，等于是看到了一线希望。

等谭传华真正开始制作木梳时，他又发现仅凭一般的木匠手艺来制作木梳仍然有很大的困难。他只好又去拜师，从老梳子匠那里得到制作木梳的传统技艺。谭传华明白，单靠传统的制作技艺来制作木梳是无法形成规模效益的，没有规模效益自己仍然不能凭其获取更多的财富。

要干就干出规模来！抱着这个信念，谭传华决定先研究出生产梳子的机器设备，然后再生产梳子。经过同工程师的合作，几个月后，谭传华有了第一台专门生产木梳的机器。后来虽然又经历了许多曲折和坎坷，但是他终于成功了。他生产出来的梳子，就连做了70多年梳子的日本中宇株式会社都自愧不如。现在，"谭木匠"在小小的梳子上已经拥有66项专利。

不要计较自己的生存条件，要把强烈的生存愿望转化为实现自己富有的原动力。在当今这个竞争激烈的社会环境中，要努力使自己由弱者变为强者，从而争取到有尊严地生存下去的权利。

 常怀欢喜心，与好心情结伴而行

常怀一颗欢喜心，调节好自己的情绪，与好的心情结伴而行，使自己进入洒脱通达的境界，这样，就能掌握人生的主动权，就能感受和体会到生命与生活的无穷乐趣。

有一项调查表明，95%的都市人都有或多或少的自卑感。在一生之中，几乎所有人都会有怀疑自己的时候，感到自己的境况不如别人。而潜藏在人们心中的好胜心理、攀比心理是这一问题的根源。

我们总把他人当作超越的对象，总希望过得比别人好，总拿别人当参照物，似乎没有别人便感觉不到自身存在的价值。于是乎，工作上要和同事比，比工资，比资格，比权力；生活上要和邻居比，比住房，比穿着，比老婆，就连孩子也不放过，也成了比的牺牲品。既然是比，自然要比出个高下，比别人强者，趾高气扬，夜郎自大；不如别人者便想着法子超过对方，实在超不过便拉对方后腿，连后腿也拉不住者便要承受自卑心理的煎熬。

不怕输才会赢

一个人如果能乐观地对待不如意的事，自然会烦恼自消，愁肠自解。如果我们能持一种积极的态度去和别人比较，不如别人时便积极进取，争取更上一层楼；比别人强时便谦虚谨慎，乐观待人，岂不更好？

事实上，天外有天，人外有人。我们不可能在任何方面都比别人强。太要强的人，一味和比自己强的人比，结果由于心灵的弦绷得太紧了，损耗了精神，很难有大的作为。雨果在《悲惨世界》中写道："全人类的充沛精力要是都集中在一个人的头颅里，全世界要是都萃集于一个人的脑子里，那种状况，如果延续下去，就会是文明的末日。"古人说："学业有先后，术业有专攻。"每一个人都有自己的特长，也都有自己的短处。一个人只要在自己从事的专业领域中有所成就，便不虚此生。千万不要看到别人的一点儿长处，就失去心理平衡。每一个人把自己做好是最重要的，最好不要与别人比高低，比大小。每一个人在这个世界上都具有独一无二的价值，就像人的手指，有大有小，有长有短，它们各有各的用处，各有各的美丽，你能说大拇指就比小拇指好吗？

一味和别人比是件不聪明的事，因为即便胜过别人，又会有"枪打出头鸟，出头的椽子先烂"的危险。弘一大师云："步步占先者，必有人以挤之。事事争胜者，必有人以挫之。"生活中也确实是这样，如果一个人太冒尖，在各方面胜过别人，就容易遭到他人的嫉妒和攻击；而与世无争者反而不会树敌，容易遭人同情。

其实，最好的处世哲学还是不与人比，做好你自己，每个人都有自己的生活方式，有自己存在的价值和理由，干吗要和别人比呢？如果心里难受，实在要比的话，倒不如把自己当作竞争对手，把自己的今天和自己的昨天比，明天和今天比，一天比一天充实，一年比一年长进，这样既不会沾惹是非恩怨，自己还能更上一层楼。当然，比也并非是有百害而无一利，它在形成竞争、推进社会前进中有不可磨灭的作用。现代社会是一个竞争的社会，如果大家都不争先，都去争"后"，那么社会如何发展进步呢？

俗话说："知足者常乐。"做人首先要满足，然后再抱着友善的态度和别人比，比学习，比进步，而不是比享乐，只有这样才能共

第四章 历经苦难：先输后赢，逆境中奋发

75

同进步，才能真正体会到生活的乐趣。

人生快乐与否，重要的不是我们的生命中经受了多少痛苦和喜悦，而是我们对待生活的态度。无论生活有多少艰难险阻，你都要笑对人生。笑一笑，你就会发现，困难和挫折没什么大不了的。要把一切风风雨雨、飞短流长通通置诸脑后，这样才会迈向成功。

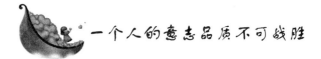

## 一个人的意志品质不可战胜

一个人的财富可以被剥夺，一个人的肉体可以被摧残，唯一不可战胜的就是一个人的意志品质。

在这个社会上，有些穷人是值得同情的，而有些穷人则不值得同情。如果屈服于财富，将自己赤裸裸地出卖，那么，他们不仅是物质上的穷人，还是精神上的穷人。破罐子破摔，对穷人来说，无异于雪上加霜。

2004 年初，某媒体报道，成都某男大学生公开征"富姐"。陈某是成都某高校大二学生，想拜托报社帮他寻觅一位有修养的大龄女性。因为家中较贫困，陈某说："如果对方能资助我完成学业，我愿意和她结婚。穷的滋味太难受了，我想努力改变这种现状。"

南京一位大四的男生也紧跟其后，到婚介公司开出了自己的征婚条件："百万起步，35 岁以下，是否离过婚没有关系，长相对得起大众就行，人不能有大款架子的女子。"该男生还坦言说道："其实没有什么值得奇怪的，我就是想找条捷径。"

前有女大学生征"富翁"，现又有男大学生征"富婆"。大款和富婆居然成了这些"天之骄子"们的首选目标。据某婚介公司说，从 1998 年平均每月接纳几十名来自各高校的大学生，其中大部分为大三、大四女生，她们都希望找到经济条件丰厚、事业有成的男士为伴，并称年龄条件可以适当放宽。

这些在富人面前底气不足、任人摆布、经不住诱惑的穷人，也别指望他们能为社会创造价值，他们最终也只能成为款爷或富婆供养的"玩物"。寄生虫的日子的确容易过,光吃饭不干活,像条钩虫,只需要钩住肠子就可以了。当然,钩虫是不谈人格、自尊、自强、自信的。

贫困山村的李引家境十分贫寒,从小就靠编织蝈蝈笼挣钱上学。她练就了一手编织蝈蝈笼的绝活,在全县编织蝈蝈笼大赛中,曾以平均两分钟编织一个蝈蝈笼的战绩超过众多高手,脱颖而出,夺得大赛金牌。可由于姐姐得重病不幸去世,巨额的治疗费使家里负债累累。2004 年高考,她以 634 分的成绩考取了华北电力大学,面对 4 年本科高达 25000 多元的学费和生活杂费,他们全家都陷入了绝境。倔强的李引不愿意向命运屈服,高考结束,她争分夺秒加紧时间编织每只能挣两毛钱的蝈蝈笼,决心用蝈蝈笼编出自己的大学梦。她说:"我不自卑,不愿意平白地接受别人的资助,谁的钱都来得不容易。上大学后,我要靠勤工俭学、做家教来完成学业。"

事实上,当你想"依赖别人而活"的时候,你就把自己交给了别人,让别人来操纵你。自强的人可以为自己负责——如果我对现状不满,我还可以为自己做些什么? 自信的人,不会把时间浪费在自怨自艾上,而会通过自己的奋斗达成自己的目标。

人的一生是短暂的。游戏人生,虚度青春年华的人,必然一事无成,被社会所淘汰;不屈服于命运,并且能够主宰自己的命运的人,才是真正的强者。相信自己,把握住身边的一切机会,就能奋发有为,勇往直前,就能成为精神和生活都富有的人。

第四章 历经苦难: 先输后赢, 逆境中奋发

# 第五章 输赢之间：若要出头，先要低头

"若要出头，先要低头"，无论到了什么时候，这都是一个亘古不变的道理，做人理应如此。忍得住寂寞和痛苦的人，才是真正理智的人。越是急着奔跑，就越是容易摔倒。不懂得低头的人很难有出头的机会。

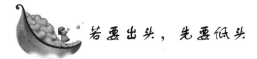若要出头，先要低头

"若要出头，先要低头"，无论到了什么时候，这都是一个亘古不变的道理，做人理应如此。忍得住寂寞和痛苦的人，才是真正理智的人。越是急着奔跑，就越是容易摔倒。不懂得低头的人很难有出头的机会。就像我们在走路的时候一样，若只顾着抬头望前方，而忘了低头看脚下，就很容易栽跟头。

懂得低头的人，是一个有内涵的人，是明白事理的人，他们不喜欢张扬，但这并不影响他们的能力，反而让别人更加敬佩。正所谓"低头是谷穗，昂首是谷秕"。越是成熟的谷穗，越是将头垂得越低，也越是得到人们的喜爱。而那些高高扬着头的，反而受到人们的厌恶。

生活中，很多人一心只想出人头地，而不去埋头耕耘。等到忽然有一天，他们看见比他们开始晚的、比他们差的人都已经有了很大的提升和收获，才感觉到自己总在瞻望，因而一无所有。他们这才明白，不是上天没有给他机会或自己运气太差，而是他们一心只等待收获，却忘了播种。

科学家富兰克林年轻的时候，曾去拜访一位德高望重的老前辈。那时，他年轻气盛，走起路来一阵风，总是把头高高地抬着。来到前辈的门前时，一不小心，他的头就狠狠地撞在了门框上，疼得他一边不住地用手揉搓，一边看着比他的身子矮一大截的门框。

出来迎接他的前辈看到他这副样子，笑着说："很痛吧！可是，这将是你今天访问我的最大收获。一个人要想平安无事地活在世上，就必须时刻记住，该低头时就低头。这也是我要教你的事情。"在这次拜访中，富兰克林将前辈的教导看成是一生最大的收获，并把它列为必须遵循的生活准则之一。后来，他功勋卓著，成为一代伟人。在一次谈话中，他意味深长地说道："这一启发帮了我的大忙。"言外之意是：做人不可无骨气，但做事不可以总是仰着高贵的头。

富兰克林的遭遇其实是很多事件的缩影，这则故事告诉人们：会低头才能避免撞头。生活中，很多人都想出头，但很多人都不懂得低头的道理。如很多人都认为不论遇到任何事情，都应该以不屈不挠、百折不回的强者精神坚持到底。诚然，这样的精神是可贵的，但是又换来了什么结果呢？很有可能目的没有达到，还输掉了自己。很多时候，事情并不是只靠勇猛无畏的精神就能完成的。事实上，低头只是为了收敛锋芒、养精蓄锐、蓄势待发，造就如同古人所说的"韬光养晦"，比起不屈不挠、百折不回，低头更需要智慧和勇气。这并不是妄自菲薄，而是掌握全局后的一种理智与谨慎。

当今社会，变幻莫测，错综复杂，这尤其需要人们在漫长的人生跋涉中学会低头、埋头，以免招来不必要的麻烦，甚至是祸端。三国时著名的诗人曹植，幼年即锋芒毕露，可正是因为身上的才华让他的一生颇为曲折，数次遭到迫害，最后抑郁而终。倘若他能等羽翼丰满时再露才华，就算不能夺得帝位，至少也不会如此被动落魄。这难道不是不懂得低头带来的严重后果吗？

生活中，我们总是喜欢用"毫不示弱"来形容一个人勇敢，不过，是不是任何时候的"毫不示弱"都是值得提倡的呢？未必！头昂得太高可能会被撞得头破血流，倒是那些凡事懂得低头的人，不逞能，不占先，心境平和，即使事情发展得不尽如人意也不会万念俱灰，而是可以泰然处之。这种人虽然跑得不快，但往往能坚持到终点，成为笑到最后的人。

莎士比亚说过："唯有埋头，才能出头。急于出人头地，除了自寻苦恼之外，不会真正得到什么。"人的一生就好比一粒种子，如不经过在坚硬的泥土中挣扎奋斗的过程，只想享受温暖的阳光，呼吸新鲜空气，那么它将永远只是一粒干瘪的种子，而不能生根发芽，茁壮成长。同样的道理，人只有埋头做事，才可以有所作为，最后出人头地。要知道，最终的目标绝不是转眼之间可以达成的。在没付出辛劳和艰苦的代价之前，空望着遥远的目标着急是没有用的，唯有从基础做起，脚踏实地地朝着目标前行，才会慢慢地接近它，达到它。

曾经有个人问大哲学家苏格拉底："据说你是天底下最有学问的

人；那么我想请教一个问题。请你告诉我，天与地之间的高度到底是多少？"

苏格拉底微笑着答道："三尺！"

问者反驳他："胡说，我们每个人都有四五尺高，若是天与地之间的高度只有三尺，那人还不把天地戳出许多窟窿？"

苏格拉底仍微笑着说："所以，凡是高度超过三尺的人，要想长久立足于天地之间，就要懂得低头呀！"

做人要低头，这是苏格拉底给我们的人生启示。表面上来看，"低头做人"可能会给人一种懦弱和畏惧的感觉，但事实上并非如此。有时，适当地低头，也是一种明智的处世之道，是人生的大智慧、大境界。在特殊的场景和特殊的时刻，我们就应该保持低姿态。"低头做人"其实并不低，反而恰恰是转危为安的妙招。

低头做人，就是表面不动声色，但是内心未必没有对策，内心未必不起波澜，却可以一笑置之；低头做人，就是与人相处，能屈能伸，面对嘲弄讥讽，可以宽容大度；低头做人，就是超然处世，这是一种潜在的力量，往往比尔虞我诈的争斗更有价值；低头做人，不是灰心丧气，悲观失望，而是失败之后的淡然若素；低头做人，不是怯懦软弱，而是面对无理强权的一种弹性回避；低头做人更不是一味谦虚，而是成就面前的韬光养晦。

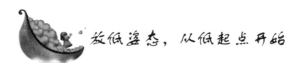

## 放低姿态，从低起点开始

在当今这个社会，越来越多的人自命不凡，他们心态浮躁，不肯从最基层做起，迫切地想用一些实际的东西来证明自己的能力。

不要以为自己是硕士，是博士，自然就会比那些专科、本科生的起点高，因此心比天高，不可一世。要知道，世界上不缺少自命不凡的人，缺的只是踏实、讲究实际的人。有些人永远高扬着姿态，对那些平凡岗位的角色丝毫没有兴趣，他们认为自己应该找一份和自己能力匹配的工作，但是结果又常常事与愿违。

阿彬是博士毕业的高才生，在经过无数次的择业碰壁之后，决定换一种方法找工作。他收起所有的学位证明，自降身份，去找一份工作。

结果出乎意料，他很容易地进入了一家电脑公司，做一名最基层的程序录入员。没过多久，上司就发现他才华出众，竟然能指出程序中的错误。这个时候他把自己的本科学位证书拿了出来，于是上司就给他调换了一个与本科生水平差不多的工作。

没过多久，阿彬在新的岗位上也游刃有余，比一般大学生高明。这时他又亮出自己的硕士身份，老板又提升了他。从此以后，老板就开始注意他了，发现他应付现在的工作仍然绰绰有余，于是就再次找他谈话。这时他才拿出博士学位证书，并说明了自己这样做的原因，老板这才明白怎么回事，更对他的低调和谦虚赞不绝口。理所当然地，阿彬在这个公司里受到了重用。

你比别人强，还有比你更强的。你本科毕业，比那些专科毕业生有优势，可是站在你后面的就是硕士研究生，硕士研究生后面还有博士生。总之，山外有山，楼外有楼，在强者如云的队伍里，要想胜出谈何容易！

这时候，不妨进行逆向思考，在大家都向高处拥挤的时候，你何不放下身价，降低身份，在低起点上胜出呢？

如今，走出校园的大学毕业生已不再是"象牙塔"里的"天之骄子"，他们承受着巨大的就业压力。在激烈的就业竞争中，理想的职业固然重要，但在没有更好选择的前提下，暂时屈就也是权宜之计。

小陈是一名毕业于湖南师范大学的本科生，如今他是某建筑公司的一名经理。在外人看来，像小陈这样毕业于师范院校的大学生，应该去做老师才对，怎么进入了建筑行业呢？

原来，在大学里学物理专业的小陈，毕业后，由于所学专业比较冷门，辗转于人才市场一个多月也没找到合适的工作。后来，他和同学跑到广东，想在那里闯一闯。当他听说某建筑公司招工人的时候，就决定放低姿态，先从工人干起。虽然工作在基层很辛苦，但通过自己的努力，在短短的两年时间里，他从钢筋工人做到了管理层，当上了经理。

回首这一路走来，小陈感慨地说道："不管从事什么行业，只要不过高估计自己，放低姿态，努力了就会有回报。"

在就业形势日趋严峻的今天，对于刚走出校门跨入社会的大学生来说，"毕业"就等于"失业"。因此，大学毕业生们不应该再像过去那样，一味追求"高薪"和"高职"，而是应该转变战略，放低姿态，主动去适应社会。只要你是金子，那么你在低起点上一样有胜出的机会，而且胜出的机会将更多。

一个人在社会上求生存，即便有自己的优势，也不可能恰巧遇到发挥自己长处的机会，除非正好遇到伯乐。这时候，就要学会弯腰，从基层做起。这就像当你遇到一个很低的门时，你昂首挺胸地过去，肯定要把脑袋碰出一个包来，明智的做法只能是弯一下腰，低一下头，让很低的门显得比你高就成了。

只要你能放得下身价，你的竞争对手就不再是那些一个比一个自命不凡的强者，更多的是那些踏实、谦虚的专科生或者本科生。只要你是金子，在哪里都会发光的。但若是在一大堆金子中发光，就很难有人发现你；你若在一堆石子中发光，那么别人一眼就能看到你。

可见，学会在适当的时候，保持适当的低姿态，绝不是懦弱的表现，而是一种智慧。放低姿态，既是一种态度也是一种作为。学习谦恭，学习礼让，学习盘旋着上升，这既是人生的一种品位也是一种境界。

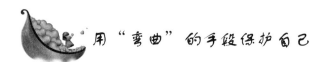

## 用"弯曲"的手段保护自己

现实生活中，每个人都渴望成功，很多人为了这些目标而拼命地展现自己。平日里他们锋芒毕露，职场中他们争先恐后，交际上他们高谈阔论……然而，最终这些"争强好胜者"却很难获得成功。他们既不缺才气，也不缺激情，结果为何却不能如愿以偿呢？其关

不怕输才会赢

键原因就是：他们不懂得低头做人的道理。

一个人学会了低头，就学会了审时度势，牺牲小局，着眼全局，忍小气，谋大事；学会了低头，也就能顺利跨越生活中意想不到的低矮"门框"而免受无谓的伤害。

现实生活是残酷的，很多人都会碰到不尽如人意的事情。有时候，你必须面对现实，学会低头示弱。说得俗点，也就是该低头时就要低头。要放下所谓的"面子"和"尊严"，低头是一种智慧和勇气。要知道，敢于碰硬被视为有"骨气"，但若一味地有"骨气"，到头来，不但会被拒之门外，而且还会被"门框"撞得头破血流，元气大伤，有些人还会因此而一败涂地。

人的一生，要历经千万门槛，打开的大门并不完全适合我们的躯体，有时甚至还有人为的障碍，我们会经常碰壁，或不得不伏地而行。因此，要学会低头，不能逞匹夫之勇。胳膊拧不过大腿，因此，该低头时就要低头，进而巧妙地穿过人生荆棘。这既是人生进步的一种策略和智慧，也是人生立身处世中不可缺少的风度，同时，这更是一种修养。

中央电视台有一个叫《开心辞典》的栏目。主持人总是面带微笑地问参与者："继续吗？"如果继续就有两种结果，一个是成功，接着往前进；一个是失败，退回到你原来的起点。不进则退，不可能让参与者还能保持住已经取得的成绩。

在节目中，能够答对 12 道题的人并不多。但是，很多选手仍然选择勇往直前，好多人因为一次失误，又让自己回到起点。

那天，一个答题的人一直很幸运，一路到了第 9 道题，当他把自己所有设定的家庭梦想都实现后，主持人问："继续吗？""不。"他说，"我放弃。"看到这里，很多观众都是一愣，主持人也一愣。因为很少有人放弃，那是在全国电视观众面前，失败或成功都可以理解，本来就是一场智力加机遇的游戏，但他放弃了。

主持人继续问他："真的放弃吗？"而且一连问了三次，他连犹豫都没有，然后点头，真的放弃。"不后悔？"主持人问。他笑着说："不后悔，因为应该得到的已经得到了。"

最终，他只答了 9 道题，没有接着冲向完美的 12 道，但是他

85

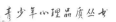

说："已经很满足了，因为人生有许多东西必须放弃才会得到。"

人不仅要有"进"的勇气和实力，也要有"退"的大度和智慧。有时候，不刻意追求反而更容易得到，追求得太迫切、太执著反而只能白白增添烦恼，让到手的幸福轻易溜走。

人在前进的道路上，有时可能需要退却，退一步海阔天空，适时而退是一种智慧，更是一种谋略。如果常常一条道跑到黑，还自以为是，硬要拿着鸡蛋去与石头斗狠，那就只会作无谓的牺牲。人生的道路不可能是笔直的，当需要走弯路时，就应当选择适当的弯路，以便更好地接近和达到目标。

有一位老和尚，他身边聚拢着一帮虔诚的弟子。这一天，他嘱咐弟子每人去南山打一担柴回来。弟子们匆匆行至离山不远的河边，人人目瞪口呆。只见洪水从山上奔泻而下，无论如何也休想渡河打柴了。一个个无功而返后，弟子们都有些垂头丧气。唯独一个小和尚与师父坦然相对。师父问其故，小和尚从怀中掏出一个苹果，递给师父说："过不了河，打不了柴，见河边有棵苹果树，我就顺手把树上唯一的一个苹果摘下来了。"后来，这位小和尚成了师父的衣钵传人。

在人生的道路上，总有一些坎坷和不尽如人意的事情，因此，我们要学会放弃，学会适时地低头，要懂得妥协，不钻牛角尖，只有这样，我们才能轻松生活，快乐地走完自己的人生。诚然，要成就一项事业，离不开专一执著、持之以恒的韧性，但只知固守，有时也会演变成执拗，变成"一条道儿走到黑"式的顽固。适时地放弃，是根据自己的实力，明智地选择后退，看看自己以前走过的路，退一步看人生的不顺和挫折，退一步看人生的功名利禄，寻找一种海阔天空的人生境界，你会发现人生照样美好，天空依然晴朗，世界仍是那么美丽。

每个人都企盼自己能够"一朝成名天下知"，渴望自己功成名就的辉煌。但是在此之前，必须要有"十年寒窗无人问"的努力，放低姿态，平和心态，耐心地寻找机会。

人生如同足球场，我们不可能永远都是"场上的主力"，很多时候，我们必须得坐在冷冰冰的板凳上，等待着机遇的出现。

每个人都抱怨命运的不公，埋怨自己没有获得良好的发展机会。

但是事实上，如果对自己所做的每件事情都进行细致的分析，也许会发现，机会不是没有，只是在不知不觉中把它浪费掉了。成功不只是需要热忱的干劲，还需要充足的耐心。

坐在冷板凳上，耐心地分析原因，努力地提高自己，低调地为人处世，总有把冷板凳坐热的时候。今朝的蛰伏会让明天飞得更高，耐得严寒方有梅花的傲雪芬芳。

适时低头，低调做人，不计较一时的屈辱，懂得用"弯曲"的手段保护自己，才能使自己在复杂多变的人际环境和职场竞争中绕开障碍，进退自如，开创广阔的发展空间，成就一番辉煌的事业，收获幸福美满的人生。

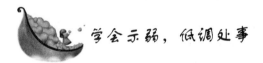

## 学会示弱，低调处事

常言道："尺有所短，寸有所长。"地位高的人在地位低的人面前诚恳展示自己经验有限等弱点，成功者不回避自己的失败记录，有一技之长的人承认自己在其他领域上的不足等，其意义绝不仅仅在于处世智慧。至于那些因偶然机遇获得成功的人，则更应宣示自己的幸运。沈从文虽然小说写得很好，在世界上都有影响，可他的授课技巧却很一般。他颇有自知之明，上课时开头就说："我的课讲得不精彩，你们要睡觉，我不反对，但请不要打呼噜，以免影响别人。"这么"示弱"地一说，反而赢得满堂喝彩。作为中国当下身价最高的体育明星姚明，我们从没听说过他有乖戾、狂妄等传闻，即使外界对他有一些误会，他也甘心示弱，以一贯的从容、自信、优雅来轻松化解，从未见他大动肝火，也不去解释他的所为。正因为他低调处事、与人为善，才受到很多人的喜爱和尊敬。

强者示弱，无论对于自己还是对于弱者，都能有所收获。因为强者以弱者的姿态行事，人自然会谦虚谨慎，别人也乐意接受。如此，则强者更强。而对于弱者，则能从中获得慰藉、平衡，从而在心平气和中自觉向强者学习，并有所进步，有所提高。

对于强者，示弱便是放低位置、降低姿态，让弱者充分感受到人格上的平等，并获得充分的人格尊重。对于成功者，既"抓大"又不肯"舍小"，到头来，必因"小"失"大"。从这个意义上说，一个真正甘心示弱的人，必是一个以事业为重而敢于负责的人，一个豁达大度、宽宏大量的人，一个充满人情充满智慧的人，一个处世浅浅而悟世深深的人。

示弱可以减少乃至消除不满或嫉妒。事业上的成功者，生活中的幸运儿，被人嫉妒是客观存在的。在一时还无法消除这种社会心理之前，用适当的示弱方式可以将其消极作用减少到最低限度。

示弱能使处境不如自己的人保持心理平衡，有利于团结周围的人。

示弱能表现一个人实事求是的作风，客观上给积极进取者以鼓励。

要使示弱产生积极效果，必须善于选择示弱的内容。地位高的人在地位低的人面前，不妨展示自己学历不高、经验有限、知识能力有所不足、有过种种曲折难堪的经历，表明自己实在是个平凡的人。成功者应多在别人面前说自己失败的经历、现实的烦恼，给人以"成功不易"、"成功者并非万事大吉"的感觉。对眼下经济不如自己的人，可以适当诉说自己的苦衷，诸如健康欠佳、子女学业不妙以及工作中的诸多困难，让对方感到"他也有一本难念的经"。某些专业上有一技之长的人，最好宣布自己对其他领域一窍不通，袒露自己在日常生活中如何闹过笑话、受过窘迫等。至于那些完全因客观条件或偶然机遇侥幸获得名利的人，更应该直言不讳地承认自己是"瞎猫碰到了死耗子"。

示弱可以是个别接触时推心置腹的交谈、幽默的自嘲，也可以是在大庭广众下，有意以己之短，衬人之长。

示弱有时还要表现在行动上。自己在事业上已处于有利地位，获得了一定的成功。在小的方面，即使完全有条件和别人竞争，也要尽量回避退让。也就是说，事业之外，平时对小名小利应淡薄疏远些。因为你的成功已经成了某些人嫉妒的目标，不可再为一点微名小利惹火烧身，应当分出一部分名利给那些暂时的弱者。

在经过千万年自然界不断进化的过程中，我们可以发现，越是善于示弱的动物，越能适应环境的变化，并有效地保护自己。一个科教片说：蜥蜴是恐龙的同类，但千百年来，恐龙早已不见了踪影，而蜥蜴却存活下来。其中一个重要原因是，恐龙体积过于庞大，不便保护自己，而又所食甚多。蜥蜴小巧灵活，虽然纤弱，却便于隐藏自己，而得以生存。"缩头乌龟"常用来辱骂人的胆小如鼠，但就是乌龟在遇到强敌时总是不与强敌争斗，而是将自己柔弱的头和四肢缩到硬硬的龟壳内，才能活得相当长久。由此，一些人便悟出这样一个道理：适时适度地示弱，能迷惑敌人，保护自己。

鸿门宴上，剑拔弩张，暗伏杀机。弱者刘邦，毕恭毕敬，尽显其弱；强者项羽，得意洋洋，掉以轻心。最终，当时的弱者登上了皇帝宝座，昔日的强者兵败自刎。当对手确实强大而自己又实在弱小时，明智地选择示弱，而不一味逞强，可以暂避锋芒，养精蓄锐，等待时机，东山再起。

《三国演义》中刘备曾一度投奔曹操，为迷惑曹操，他种田浇菜，掩盖其志。关、张二人见他如此不求上进，都非常失望，但刘备只说"此非二弟所知"，依旧我行我素。曹操煮酒论英雄时，刘备竟假装被雷声吓得扔掉了筷子。因为刘备当时羽毛未丰，若与曹操放在一个重量级上硬碰硬的话，无疑以卵击石。只有假装无能，曹操才不会把他作为心腹之患。

示弱是一种"障眼术"，是在自己弱小、无力还击时保护自己免受"硬伤"的一种必不可少的保护手段。

其次，示弱是融洽人际关系的需要。

清代宰相张英和叶侍郎毗邻而居，两家因地界问题发生争执。为此，张英给家人修书一封："千里修书只为墙，再让三尺又何妨。万里长城今犹在，不见当年秦始皇。"主动让出三尺，叶家深感惭愧，也将院墙后退三尺，从而留下了"六尺墙"的美谈。

人，无论是强者还是弱者，都有被人需要、被人尊重的需求，都有超越别人获得心理优越感的需求，宰相张英的做法，没有一味"逞强"，而是让他三尺，满足了叶侍郎的好胜心理，尊重了对方，因此，使得双方和解。

 该示弱时就示弱，展现从容和自信

面对压力不低头的人是有个性的人，而适当地选择示弱、认输、放弃的人则是聪明的人。

在自然界，我们常看到这样的景象：山谷中，大雪纷飞，雪花落满了雪松的枝丫。当积雪达到一定程度时，雪松那富有弹性的枝丫就会往下慢慢弯曲，直到积雪从枝丫上一点一点地滑落。这样反复地积，反复地弯，反复地落，风雪过后，雪松完好无损，而其他的树由于没有这个本领，枝丫早被积雪压断了、摧毁了。

一堆石子压在草地上，小草压在了下面。小草为了呼吸清新空气，享受温暖的阳光，改变了生长方向，沿着石间的缝隙，弯弯曲曲地探出了头，冲出了乱石的阻隔。

在重压面前，松树和小草选择了弯曲，选择了变通，选择了示弱，而正是这种选择，使它们生机盎然。

海滩上有两种不同性格的蓝甲蟹，一种是较凶猛的，从不知躲避危险，与谁都敢开战；一种是温和的，不善于抵抗，遇到敌人便翻过身子，四脚朝天，任你怎么捣它、踩它，它都不跑不动，一味装死。千百年后，人们发现，强悍凶猛的蓝甲蟹成了濒危动物，而性情温和的蓝甲蟹反而繁衍昌盛，遍布世界上许多海滩。

我们常用毫不示弱来形容勇敢，但时时处处不示弱的蓝甲蟹却渐渐被自然界淘汰出局。

动物学家通过研究发现，强悍的蓝甲蟹一是因为好斗，在相互残杀中死了一半；其次，因为其强悍而不知躲避，被天敌吃掉了一半。而会装死的蓝甲蟹，因为善于保护自己，则显示出旺盛的生命力。

在日常生活中，我们常用"毫不示弱"来形容一个勇敢的人，但时时处处不示弱的人能得一时之利，有时却难成为最终的成功者。倒是有些人，凡事忍让，不逞能，不占先，心境平和宽容，能抛除私心杂念，不受外人干扰，做事持之以恒。他们即使遇到打击，也不会万念俱灰，因为心境平和，所以能处之泰然。这种人跑得不快，但能坚持到终点。

对于好强的思考进而让我们理解了示弱的魅力。恰到好处地示弱展示着你的从容、优雅，昭示着你无与伦比的自信。正因为相信自己的能量，才深信不会因为示弱而减损自己的能量，才敢于示弱，敢于展示自己的不足。

我们从小所接受的教育是"不甘示弱"、"勇往直前"，否则你就是懦夫。其实，"学会示弱"也是一种人生智慧。自然界中这些"适者生存"的现象说明：凡事争强好胜的，往往碰得头破血流；而学会适时忍让的，倒可以成为最后的赢家。

瑞典人克洛普以登山为生。1996年春，他骑自行车从瑞典出发，历经千辛万苦，来到了喜马拉雅山脚下，与其他12名登山者一起登珠峰。但在距离峰顶仅剩下300英尺时，他毅然决定放弃此次登峰，返身下山，那意味着前功尽弃、功败垂成啊。而他作出这个决定的原因在于，他预定的返回时间是下午两点，虽然他仅需45分钟就能登顶，但那样他会超过安全返回的时限，无法在夜幕降临前下山。同行的另外12名登山者却无法认同他的明智决定，毅然向上攀登。虽然他们大多数到达了顶峰，但最终错过了安全时间，葬身于暴风雪中，让人扼腕叹息。而克洛普经过对恶劣环境的适应，在第二次征服中轻松地登上了峰顶。如果克洛普也一味地追求执著，不顾一切地去实现目标，那么就会与其他同行者遭遇一样的结局。但是他学会了示弱，学会了审时度势、把握全局、以小忍换大谋，最终他攀上了成功之巅。人只有当机立断地放弃那些次要的枝节和不切实际的东西，他的征途才能风和日丽、晴空万里，才会豁然开朗地领悟"小舍小得，大舍大得，不舍不得"的真谛。

示弱不是妥协，而是战胜困难的一种理智的忍让，一种人生的智慧。生活中向人示弱，我们可以小忍而不乱大谋；工作中向人示弱，我们可以收敛触角并蓄势待发。强者示弱，可以展示你的博大胸襟；弱者示弱，可以积累时间渐渐变得强大。该示弱时就示弱，调整一下目标，改变一下思路，就能巧妙地穿过人生荆棘，迎来成功的那一天。

91

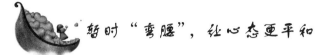

## 暂时"弯腰"，让心态更平和

在快节奏的当今时代，竞争成了人与人之间的主题。不过，正是因为竞争的激烈化，人们似乎只注意竞争的实惠，而看不到"弯腰"的益处，这正是现代人的一大盲点，更是心理不健康的一种表现。

所谓"弯腰"，即是忍，即为"小不忍则乱大谋"。这句话看似简单，却包含着很深的智慧。有志向、有理想的人，不会斤斤计较个人得失，更不会在小事上纠缠不清。所谓"忍得一时之气，免却百日之忧"，暂时的弯腰，有时反而能够让你得到更多，让你的心态更为平和。

刘邦、项羽是历史上一对著名的对手，而刘邦之所以能够成功，关键就在于懂得"弯腰"。楚汉战争之前，高阳人郦食其拜见刘邦，献计献策，一进门看见刘邦坐在床边洗脚，便不高兴地说："假如你要消灭无道暴君，就不应该坐着接见长者。"

受到对方指责，刘邦不但没有勃然大怒，反而赶紧站了起来，收拾好衣着，请郦食其坐上座。交谈的过程中，他虚心求教，并按郦食其的意见去攻打陈留，将秦积聚的粮食弄到手。

而反观刘邦的对手项羽，其做法却恰恰相反。一个有识之士建议项羽在关中建都以成霸业，项羽不听，那人出来发牢骚道："人们说'楚人是沐猴而冠'，果然！"结果项羽知道了，大怒，立即将那人杀掉。从这两件事上，我们就能看到两人的性格差异何等之大。

到了楚汉战争之时，刘邦的实力远不如项羽，却比项羽捷足先登，率先入关。当项羽得知此事后，不由怒火冲天，决心要将刘邦的兵力消灭。

当时，项羽手握四十万兵马，远比刘邦的十万兵马强大。可以说，刘邦面临着人生最大的威胁。就在这个时候，刘邦厚着脸皮，低声下气，先是请张良陪同去见项羽的叔叔项伯，再三表白自己没有反对项羽的意思，并与之结成儿女亲家，请项伯在项羽面前说好话。第二天一大早，他又带着张良、樊哙和一百多个随从，拿着礼物到鸿门去拜见项羽。

见到项羽后，刘邦明知鸿门宴有诈，却并没有表现得愤怒异常，而是低声下气地赔礼道歉，化解了项羽的怒气，缓和了与项羽的关系。表面上看，刘邦忍气吞声，项羽挣足了面子，实际上刘邦以忍换来自己和军队的安全，赢得了发展和壮大力量的时间。

刘邦对不利条件的隐忍，对失败的暂时退却，对强大对手的弯腰，反映了他对敌斗争的谋略，也体现了他巨大的心理承受力，这是成就大业者必备的一种心理素质。

所以，要成就大事，就得分清轻重缓急、大小远近，该退的时候一定要退，一时弯腰也不必懊恼万分，为自己平添心理压力。要明白，利用弯腰，你可获得重新规划的时间，这时就可从长计议，从而实现理想宏愿，成就大事，创建大业。

"弯腰"对于商人来说，尤为显得重要。因为经常要与客户打交道，"和气生财"是你要牢记心中的。有的时候，哪怕客户说得不对，我们也不应和他争执，要把附和客人讲话培养成一种习惯，多想想客人是花了钱的，这样心态就会平衡许多。

想要成大事，就要学会"弯腰"，忍一时之气换来全盘胜利，换来一世尊贵，这才是成大事的气魄。

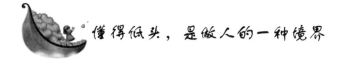

## 懂得低头，是做人的一种境界

懂得低头，是做人的一种境界。昂头和低头都是人生状态。在困难和敌人面前，要坚持原则，不能卑躬屈膝，苟且退让。这是一种气节，它与"当低头时且低头"不矛盾。人来到这个世上，其一生都是在不断地处理人与人、人与社会、人与自然以及与自身的矛盾。而要处理好这些矛盾，不懂得低头，只知天马行空、一意孤行，就会"碰壁"、"触网"，肯定不会心情舒畅、其乐无穷的。低头为出头积蓄力量，低头为出头创造条件，懂得恰到好处地低头处世，必将让你从低处走向高处，从平凡走向卓越。地不畏其低，方能聚水成海；人不畏其低，方能孚众成王。

传说日本有一座古寺院，进门的门楣做得特别低，有意让来访者懂得谦卑低头，学习放低身体，缩小自我。一个人若声望名誉登上高峰，往往很容易迷失自己，留恋于权力、掌声之中。饱满谷穗自低头，低基能承万丈楼；树大招风风损树，人为名高名折人。古人云："木秀于林，风必摧之；行高于人，众必非之。"为人做事，过于张扬和显露，不仅会显出自己的无知和浅薄，也会在不知不觉间伤害了他人的尊严和颜面，招致他人的嫉恨、诋毁和攻击，处处碰壁，使自己的事业和人生陷入困境。放低姿态，懂得低头，才能为人们所接纳、赞赏和钦佩，融入人群，营造和谐的人际关系；才能暗蓄力量，悄然潜行，在不显山不露水中成就一番事业。

要懂得低头，就要懂得妥协。人与人也好，人与社会、与自然也好，共同生活在一个地球村里，要双赢，要多赢，就要懂得低头，懂得妥协。所谓妥协，就是指为达到一定的具体的目的，意见相异或对立的各方调整各自的意见，以达到相对一致的方式和过程。妥协的目的是为了找出更有创造性的方法。妥协的过程不仅是双方或多方相互了解和理解对方意见的过程，而且是双方或多方各自反省自己意见的过程，以发现和创造共同的语言、共同的运行过程，即"求大同存小异"。而不是一方原地踏步，只顾坚持自己的意见，另一方盲目地、绝对地顺从另一方面。有道是"有所不为而后可以有为"、"为了更好的一跃而必须后退"，就是这个道理。

要懂得低头，就要懂得礼仪、礼貌。这就如同老师上课，学生起立，老师要低头鞠躬还礼；领导讲话，听众鼓掌，领导要起立低头鞠躬致谢一样。低头鞠躬，从民主与法制的意义上说，不仅仅只是一个礼仪、礼貌问题，而是服从多数、尊重多数的意思。当年，美国独立战争之父、大陆总司令乔治·华盛顿将军走进"国会大厦"，交出委任状，并辞去他的所有公职，最核心的动作就是站起来，以鞠躬礼向议员们表示尊敬，而议员们则不必鞠躬，只需手触帽檐还礼即可。这个鞠躬，体现的是把自己严格地置放在国家之下。

可以说，这种鞠躬式的低头，就意味着要服从多数、尊重多数，其体现的基本原则就是多数原则，就是多数人的意志、利益为原则的制度和机制。这种低头鞠躬的礼仪，符合中国"大乐必易，大礼必简"的古训，符合中国传统的"结交接物，恭而有礼"的教诲。

要懂得低头，就要懂得谦恭。常言道："低头是稻穗，昂头是稗子。"先哲们更是用诗一般的语言写道："谦谦君子，卑以自牧也"（《周易·谦》）、"温温恭人，维德之基"（《诗经·大雅·仰》）。低头谦恭，是个人成长的"加速器"，是不断前进的"稳定阀"，是获得知识、赢得信任的"指示灯"，是"立德"、"立功"、"立言"之"三不朽"的"必由路"。谦恭，就是谦逊恭敬。谦逊，就要虚怀若谷，使百川赴海而不溢；恭敬，就要尊重人，能容言，特别是反对自己意见的意见或方案，不怕别人挑剔自己的言行、指正自己的错误、监督自己的工作，且能把这种行为视为一面镜子、一把尺子、一块警示牌。这样，你赢得的就不仅是信任、信赖，而且可以使自己减少偏差，少走弯路，避免一些不该发生的错误。

历史上、现实生活中常常有这样一些人，他们很有能力，也不乏干劲，但为人傲气十足，处处把头抬得很高，不屑于屈就现实生活中有意或无意设置的一些低矮"门槛"，这些人最终只能处处碰壁，被撞得头破血流，不但成就不了任何事业，甚至连容身之所都没有。相反，那些资质平平但懂得低头的人，小则能安身立命、一生平顺，大则能赢得人心、出人头地，成就一番伟业。

懂得低头并不是委曲求全、窝窝囊囊做人，而是通过少惹是非、少生麻烦的方式绕过障碍，减少人生不必要的负面消耗，从而更好地展现自己的才华，发挥自己的特长。这样不仅能保命安身，甚至还可以成就一番伟业。低头做人是一种姿态，一种风度，一种超人的智慧，一种精深的哲学。懂得低头的人，总能于世态纷扰中坚持淡定从容的志趣，以平和达观的心态面对风云莫测的人生。懂得低头的人，才是人群中的圣者，才是最后的强者。

第五章　输赢之间：若要出头，先要低头

95

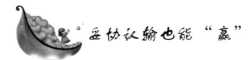
妥协认输也能"赢"

　　我们欣赏"不为五斗米折腰"的气节,我们赞叹"富贵不能淫,贫贱不能移,威武不能屈"的气概,我们敬佩"不食嗟来之食"的傲骨。我们认为"妥协"是一种软弱,"妥协"是一种退让,妥协就是认输。其实不然,如果固执地坚守于事无补,而通过"妥协"可以实现共赢的话,那么,"妥协"就是一种智慧的策略。

　　我们说的妥协不是违背原则,盲目地一味退让,而是为了更好地达到目的在方法上的一个调整。妥协看上去可能是在走弯路,实际上却是在走捷径。凡是智者,都懂得在恰当的时机接受别人的妥协,或向别人提出妥协,因为生存需要理性,而适时的妥协恰恰就是一种理性的智慧。如果这个智慧运用得当,就会出现共赢的局面。中日之间关于三菱汽车问题的那次谈判就是很好的证明。

　　日本汽车刚刚进入中国市场的时候,一批三菱汽车出现了严重的质量问题。为此,中方向日方提出索赔且金额巨大,双方对此极为重视,展开会谈进行协商。

　　三菱在明知问题是出在自己身上的情况下不想承担责任,于是会谈中避重就轻,言语含糊,将问题车辆出现的轮胎炸裂、玻璃破损、铆钉震断、电路故障、车架裂纹等问题摆上台面,而对于重要的制动系统等问题却一语带过。

　　对于日方的敷衍,中方给予严厉回击,提出日方的部分三菱车辆出现的问题不只是玻璃破损及铆钉震断之类的问题,而且产品的质量本身就不过关,并且所有损坏情况不能用"有的"或"偶有"等词来表述,需要日方用精确数字来说明。

　　经过这一番讨论,日方代表知道问题是无法回避的,便同意向中方支付7.7亿日元的零部件赔偿。中方对这一数额表示认同。因此,双方在零部件赔偿这一环节的谈判还算顺利。

　　接下来,双方在间接经济损失赔偿问题的谈判时却步履维艰,一度陷入僵局。日方采取逐条报价的方法，把总报价控制在 50 亿日元左右。中方认为，间接经济赔偿的数额最少应该是 70 亿日元。双方对此产生了巨大的分歧，谈判也因此陷入了僵局。几天的僵持，双方都意识到，如果无法打破僵局，使谈判继续，对双方都是损失。于是双方都打算作出部分妥协，以便使问题得到很好的解决。

最终，中方鉴于 70 亿日元的赔偿金额确实过于庞大，决定对赔偿金额作出部分削减。日方一方面是过失方，另一方面出于对中国市场的考虑，决定对赔偿金额作出部分追加。在相互妥协之后，谈判达成了一致：日方支付中方 60 亿日元的赔偿金并承担另外几项责任。中方的损失得到了适度赔偿，而日方也重新获得了与中国继续进行贸易合作的机会。

试想，如果双方都一味地坚持，不肯做出让步，那么只能使问题变得更僵化，根本无法使问题得到解决。而适时运用妥协的策略，却能实现互利共赢，皆大欢喜的场面。

当然，妥协不是无原则地一味退让，而是在发现矛盾无法解决时采取的一种策略，是一种因地制宜、适时而动的方式。该坚持的必须坚持，但不必把对方弄得无路可逃，这不是为了道德正义，而是为了避免逼虎伤人，必须要衡量利害关系。另外，要时刻清楚自己的大目标何在，在不影响目标实现的情况下，不必把资源浪费在无益的争斗上。事实上，妥协未尝不可，甚至放弃战斗也能赢得胜利。

克里斯蒂娜曾经是世界女子网坛最炙手可热的明星，很多公司都有意请克里斯蒂娜做代言人。为了能够与这位举世闻名的体育明星合作，那些公司纷纷许以高价。但克里斯蒂娜更希望与品牌影响力更强的劳力士手表公司合作，因为劳力士手表公司具有世界一流的技术水平和质量，而且还拥有其他公司无可替代的产品美誉度。而对于劳力士公司来说，与克里斯蒂娜这位世界级的网球明星合作，无疑更有利于公司品牌的进一步延伸和公司影响力的不断增强。因此，在双方你情我愿的情况下，就只剩下代言费上的分歧了。但遗憾的是，劳力士根本不可能像其他公司一样给克里斯蒂娜巨额的代言合同。

为此，克里斯蒂娜权衡利弊：如果和其他公司联手，凭借自己在网球运动方面的知名度以及在体育史上的地位，或许能保证其获得更好的报酬，但是，如果选择劳力士作为合作伙伴，那么这种联合将会体现出一流的水平和质量。最终，经过一番谨慎而又痛苦的抉择，克里斯蒂娜终于决定在报酬方面作出让步，选择成为劳力士的签约明星。

妥协是一种策略，咄咄逼人地处理事情并不是明智的选择。妥协其实是非常务实、通权达变的智慧。对于强者，在问题无法通过积极的方式解决时，妥协可以立即停止消耗，可以避免时间、精力等资源的继续投入；对于弱者，妥协有时候会被认为是屈服、软弱的投降动作，但若从长远来看，妥协常有附带条件，如果你是弱者，主动提出妥协，也就能以一定的代价赢得生存的空间。存在是一切的根本，只有存在才有发展，才有明天，才有未来。这种妥协看似损失巨大，但是对今后的发展所起的作用小可估量，是值得的。

总之，硬碰硬的争斗只能两败俱伤，适时的妥协才是智者之举。

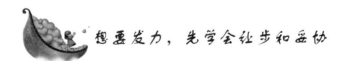

## 想要发力，先学会让步和妥协

有句话说："想打得有力，要先把拳头缩回来。"其实生活中也是如此，你如果想要发力，就必须先学会让步和妥协。一心只想向前冲，只争一时输赢的人，确实难以获得成功。

向后也是一种进攻，而这种后退实则就是一种忍让，忍让在我们生活中起着至关重要的作用，适度的忍让是我们通往成功之路的关键所在。

也许有人会对此报以怀疑的态度，认为忍让就是退缩，就是逃避，就是所谓的懦夫行径，但是我们这里所说的忍让是一种适度的、有目的的、有控制的忍让。历史上著名的敦刻尔克大撤退就是一个很好的例子。

第二次世界大战期间的敦刻尔克大撤退，它的代号是"发电机计划",它是 1940 年 5 月,英法联军防线在德国机械化部队快速攻势下崩溃后,在法国东北部靠近比利时边境的港口城市敦刻尔克进行的、当时在历史上最大规模的军事撤退行动。

1939 年 9 月 1 日凌晨,德国军队对波兰发动了进攻,第二次世界大战爆发。9 月 3 日,英国和法国被迫对德国宣战。但实际上英法联军只是躲在马其诺防线后,没有对波兰进行有效的军事支援。9 月 27 日,德军占领华沙,波兰完全沦陷。在此期间,英法两国只对德国的外交予以谴责。这一期间被德国人称为"假战"或"奇怪的战争"。

1940 年 5 月 10 日清晨,德军 136 个师在 3000 多辆坦克引导下,绕过马其诺防线以 A、B 两个集团军群进攻比利时、荷兰、法国、卢森堡等国。德军的主攻方向选在左翼的 A 集团军群,指挥强大的装甲部队,在马其诺防线的北端——曾被视为是坦克无法通过的崎岖而森林密布的阿登山区发动进攻。这让向比利时进军迎战德军右翼 B 集团军群的英法联军大失所料,仅十多天时间,德国装甲部队就横贯法国大陆,直插英吉利海峡岸边。北部的联军事实上已经被包围在法国北部的佛兰德地区。5 月 27 日比利时军队投降。为了保存实力,40 万英法联军开始全部集中向敦刻尔克撤退。英国共动员了 861 艘各型船只投入撤退,有 226 艘英国船和 17 艘法国船被德军击沉。

英国空军为了掩护撤退,总共出动 2739 架次战斗机进行空中掩护,平均每天出动 300 架次,有力地抗击了德军的空袭。英军损失飞机 106 架,英军战斗机和地面高射炮火击落德机约 140 架。

在德军地空火力猛烈轰击下,英法联军仍撤出了 33.8 万余人,被誉为"敦刻尔克奇迹"!

首先是后卫部队英勇抗击着德军的进攻,掩护主力撤退,特别是最后的后卫部队——法军第 1 集团军,在明知自己已难以脱身的情况下,依然拼死战斗,守住了阵地。与此同时,英国空军的飞行员竭尽所能,为部队提供掩护,有的飞行员一天出动三四次,使敦刻尔克海滩上空自始至终都有英军飞机,给予来袭德机沉重打击。撤退部队的官兵,在等待上船和登船的时间里,保持了严格的组织

99

纪律，秩序井然，没有发生争先恐后的混乱，使整个撤退过程非常顺利。撤退的组织者——那些海军军官们，以他们杰出的组织才能，统筹协调数以百计的各种船只，利用一切方法和器材，将33.8万人安全撤回英国。

如果英国远征军主力无法撤回英国，对于英国而言，如此惨重的损失将是无法弥补的。尽管英军失去了大量的装备和军需物资，但保留下一批经过战争考验的官兵，为以后的战争保留了一大批具有战斗经验的官兵，这些回到英国的官兵，绝大部分都成为日后反攻的骨干力量。

敦刻尔克的意义就在于，英国保留了继续坚持战争的最珍贵的有生力量，为以后的反攻，直至最终战胜法西斯奠定了基础。正如丘吉尔在1940年6月4日向议会报告敦刻尔克撤退时所说："我们挫败了德国消灭远征军的企图，这次撤退将孕育着胜利！"

英国著名的军事历史学家亨利·莫尔指出，欧洲的光复和德国的失败就是从敦刻尔克开始的！这绝不是一场奇耻大辱的败退。美国军事历史学家则把敦刻尔克撤退列为第二次世界大战最著名战役之首。而纳粹德国陆军上将蒂佩尔斯基在战后撰写的《第二次世界大战史》中写道："英国人完全有理由为他们完成的事业感到自豪"。

忍让与退缩的关系与战争中逃跑与战略性转移的关系是一样的。在战争中，逃跑就是溃散，是没有办法控制的，是大家各奔东西，你不晓得他们去哪里，你也没法子再管住。而战略转移却是有意图的撤退，甚至是故意而为之，真正的高手，在任何时候都不会害怕，更不会退缩，他只是在自己的限度里忍让，并且用这种方法，让对手去做自己想让他做的事情。这是很高明的控制术。对手以为他们在退缩，实则他们在有目的地忍让。

忘记退一步，而沉醉于一时的得意，往往让人后悔莫及。人们都有一个性格缺陷，即在胜利面前容易得意忘形，而更可怕的是，这种缺陷不分种族、年纪，在每个人身上都存在，而且不可避免。曹操率领大军横扫半个中国，最后却得意忘形，栽在了赤壁；拿破仑几乎统一了欧洲，最后却得意忘形陷入俄国这个泥潭；岳飞率领"岳家军"收复失地，却说出"迎回二圣"这样政坛大忌的话，最后死于非命……我们不如曹操般英勇，拿破仑般勇猛，岳飞般忠心，我们每个人都会有得意忘形的那天，如果今天没有，那只能说明你的成功还不够。

人人在胜利面前都会得意忘形。当一个人锋芒正强时，我们要避其锋芒，甚至对他不闻不问，做出完全束手无策的样子。我们要悄悄地卧薪尝胆，积蓄力量。而我们的对手一再胜利，只会觉得自己是天下无敌，当他得意忘形时，就会露出破绽。当那个破绽足够致命时，不用再怀疑，我们要迅速地出手，将他打垮，而这时便是我们成功的时刻。

既然我们无法克服自身的这一性格弱点，那么我们就得学会适度忍让，无休止的骄傲炫耀只会让我们功败垂成。适度忍让如此重要，那么我们应该怎么做？简单地说，有这么几个步骤：计划，忍耐，反击，达到事先目的。

计划的制订比计划本身更为重要，因此在做事之前必须制订好切实可行的计划，你必须从一开始就有明确的目的。你知道自己只能忍让到哪一步，而到这一步时，对手会犯什么错误，你就可以反击了。很多人在单位里也是委曲求全，处处忍让，却没有获得好的结果，他们犯的错误就是把忍让当做一种目的，事实上，忍让仅仅是一个手段，是我们计划中的一个环节而已。

计划制订好了，我们就开始进入忍耐环节。在此学会控制是很重要的。一个没有控制能力的人，很难成功。

首先，你必须有控制自己情绪的能力，不管对手怎么挑拨，怎么攻击，你都不可以冲动，必须按照计划，退避到相应的位置。如果你被激怒，忘记了所有的计划，那么你就是失败者。

其次，你必须有控制对手的能力，你忍让的每一步都要经过计算，需要有足够的分寸，既让对手感觉到胜利，有强烈的得意，又不能让他占到太多真正的利益，要不然的话，在你实现计划前可能就被人打垮了。而这一点是最难的，又要让对手高兴，又不能给他过多的利益，甚至还要悄无声息地把利益抓在自己手里。

最后，你还必须有控制整个大局的能力，当你和对手一强一弱的时候，手下们必然会趋强避弱。但是你却要控制住局面，让真正

第五章　输赢之间：若要出头，先要低头

的亲信继续跟在你左右。而更重要的是，你不能让老板们有趋强避弱的想法，你要利用枪打出头鸟的规律，让老板对你的对手越来越不满。总而言之，虽然你是在忍让，在后退，但在控制力上却必须更进一步。

忍耐的尽头是反击，正如前面所言，当对手暴露出破绽的时候，你的反击时刻也就到了。在这个阶段观察分析的能力是必不可少的。忍让的目的是为了反击，反击则需要对手露出致命破绽，这个破绽不是别人送到你面前的，而是通过你的观察分析得到的。

在这里有必要谈一谈张居正的例子。

明朝万历年间小皇帝即位，内阁首辅高拱一时激愤，说了句："10岁，怎么当皇帝？"本来在别人耳朵里这只是一句随口说的怒言，可是当内阁里一直处于忍让防守的张居正听到这句话后，却有了全新的判断。万历皇帝少年登基，皇太后最害怕的就是内阁大臣们凭借老资格，欺负他们孤儿寡妇，而高拱这句话，恰恰表明了他心里对皇帝的蔑视。于是，张居正用这句话大做文章，将明朝几起几落号称"常青树"的高拱一举扳倒，并且彻底打落凡尘，再也没有翻身的机会。

这个事例很能够说明观察分析能力的重要性。

有句名言说得好："有志者事竟成，破釜沉舟，百二秦关终属楚；苦心人天不负，卧薪尝胆，三千越甲可吞吴。"长久的忍耐终会盼来胜利的曙光，而这时我们也将会达到事先的目的。无畏地向前是一种勇敢，而适度地向后也不失为一种明智的进攻策略。只有在人生的战场上进退自如的人，才是真正的成功者！

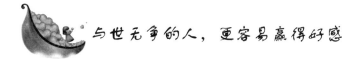

与世无争的人，更容易赢得好感

与世无争的人，更容易赢得别人的好感。处处想赢的人，到处都不受欢迎，甚至四面树敌，轻则闹点矛盾，关系不和；重则伤及身体，甚至损失惨重。

　　有一次，中兴大学和海洋学院的学生们在成功岭联合组织军事训练，两所大学的同学坐在同一桌。有一位海洋学院的同学，外表壮硕，人高马大，吃早餐时，也不顾及同桌的人还没吃，一口气就把菜都夹到自己碗里，大家同时来受训，他就显得特别贪心。

　　一位中兴大学的同学劝他不要这样，他仗恃自己长得高大，非但不听，还语带狂妄地说："你算老几啊？"中兴大学的同学就把他叫出来，二话不说，给了他一拳，结果，他牙齿掉了两颗，血流如注。为了多吃几颗花生、几块豆腐，却损失了两颗牙，真是不划算。

　　由此可见，处处想赢的人，大家都讨厌。

　　低调做人，大智若愚。哪怕自认为经纶满腹和才华横溢，目标比别人高，眼界比别人开阔，能力比别人强，也要学会内敛，善于藏锋，需要低调做人。明枪易躲，暗箭难防，争风吃醋，争强好胜树敌必多，还不如与世无争，宠辱不惊，宁静而以致远。所谓"他山之石，可以攻玉"，人生苦短，锋芒毕露败而无疑，还不如韬光养晦，会泽百家于斯者必盛，至公天下则其乐无穷。

　　温州人精明，也没有逃出"赢"的代价：

　　有人形容说"温州人的头发芯都是空的"，意指温州人做生意特别精明。素有"东方犹太人"之称的温州商人，二十多年来到处"打市场"，从省内打到省外，再从境内打到境外，几乎是无往不胜。然而，过度追求一切都要赢反而害了自己。

　　西班牙埃尔切市鞋业协会会长安东尼奥先生，曾经千里迢迢专程来到温州访问考察，并与温州市鞋业协会签署了一份主题为"竞合"的《温州宣言》，宣布今后双方将既竞争又合作，更注重于互利互惠、优势互补、合作共赢。而之前的"火烧温州鞋"事件，正发生在埃尔切市。当时，该市近千名鞋商和制鞋工人涌进温州鞋商聚集的"中国鞋城"游行示威，抗议温州鞋砸了他们的饭碗，一些不法分子焚烧了16个集装箱价值800万元的温州鞋

　　温州商人似乎四处树敌已久，在国内，温州"炒房团"、"炒油团"、"炒煤团"和"炒棉团"早已声名远扬；在国外，温州鞋先惹"西火"，再招"俄警"，而温州生产的打火机、眼镜等出口产品，也不断引发国际间的贸易冲突。

103

过去一直崇尚"赢才是硬道理"，以"特别能抢占"自豪的温州人在反思：这种"市场霸权主义"或许就是他们四处树敌的关键根源。经过反省后，几位温州民营企业家发出"重新回归'有钱大家赚'经营理念"的倡议，很快就在同乡圈子里激起强烈反响和呼应。

这也是一次经营理念的大转折，中国皮鞋出口大户温州东艺鞋业有限公司董事长陈国荣说，温州鞋融入国际经济圈，"价廉物美"的优势发挥到极致后，就会腹背受敌；好胜好赢的经商理念到了国外就有可能"水土不服"，"量大面广、铺天盖地"的出口强势无限膨胀，就有可能导致成祸成灾。

温州市鞋业协会秘书长说，过去温州人在西班牙直销温州鞋，从国内发货、国外进单、市场批发、门市零售一条龙自我"包干"到底。出口商、进口商、经销商、营业员全由温州人包揽，所有环节的利润"独吞独占"。温州人自己原以为这是好事，但没想到引发出一系列连锁反应，就连当地的企业和工人都要与中国鞋商"拼命"，所以要好好反思。他呼吁温州商人认识这种过度竞争的危害，把兼顾他人利益的"有钱大家赚"理念再"请"回来。

现在，西班牙华商圈中的许多温州企业已经调整了经营模式，注意尊重当地社会的文化和习俗，兼顾当地商人、工人的利益。比如不再搞低价攀比竞争，尽可能聘请当地人当店员等，不再干过去那种"独吞独占"、"吃干榨尽"的事了？

温州两家鞋业公司分别在非洲尼日利亚的"经济首都"拉加斯投资创办了皮鞋厂，雇用当地工人，在销出鞋后又为当地政府增加了税收。结果，两家温州企业生产的鞋得到了当地政府和民众的一致欢迎，成了该国的"第一品牌"。

在国内，越来越多的温州企业到中西部地区、东北地区扩展投资、开拓市场一旦是很多企业已不再像以前那样抱成团地拼命"炒"买"炒"卖，而是开始注重体现"有钱大家赚"原则，更多地和当地合作、合资办企业，一起把事业做大。

凡事处处争赢，必然激起公愤，四面树敌，尤其是在现在复杂的社会。更要懂得低调做人、谦卑行事、合作共赢，方能明哲保身。

# 第六章　顶住压力：聚积气势，赢得动力

　　每一个人只有历经磨炼才可以唤起成功的力量，只有面对压力才能激发出巨大的潜在力量，所以我们要学会挑战自己，让自己直面困难和压力，因为它正是我们前进的动力。

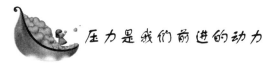

## 压力是我们前进的动力

　　每一个人只有历经磨炼才可以唤起成功的力量，只有面对压力才能激发出巨大的潜在力量，所以我们要学会挑战自己，让自己直面困难和压力，因为它正是我们前进的动力。

　　面对压力，我们会感到恐惧，可是你要知道，这正是你成长的时刻！如果你不想接受这些不习惯或者压力，那么你永远都要被压力所压迫。如果你想摆脱压力，想要真正成长，那就要勇敢一些，战胜它，驾驭它……

　　生于尘世，每个人都不可避免地要面对艰难困苦，很多时候巨大的心理压力几乎把人逼迫到崩溃的边缘，怎样缓解压力，将直接影响你的人生轨迹。

　　1914 年，爱迪生在西橘城规模庞大的工厂遭到了大火，工厂几乎全毁了。可是当在火场附近看到儿子紧张地跑来时，他却大叫："快去叫你妈妈来，她这一生不可能再看到这种场面了！"第二天一早，爱迪生又来到火场，看着所有的希望和梦想毁于一旦，人们都担心他会承受不了这巨大的打击。可他却说："这场火灾绝对有价值。我们所有的过错，都随着火灾而毁灭。感谢上帝，我们可以从头做起。"三周后，也就是那场大火之后的第 21 天，他制造了世界上第一部留声机。爱迪生的伟大创造靠的就是在困境中把压力转化为动力，把失败当作成功的基石。生活中不可能没有失败和挫折，有的人一旦遇到失败和挫折，就会被巨大的压力压垮，而有的人则能从失败中吸取教训，把压力转化为前进的动力。压力可以将人击垮，也可以使人重新振作，问题是你如何对待它。

　　美国作家罗威尔曾说："人生中不幸的事如同一把刀，它可以为我们所用，也可以把我们割伤。那要看你握住的是刀刃还是刀柄。"

压力也是如此，它同样有积极和消极两方面，如果你利用压力让自己变得积极，那么压力就是你成功的动力；如果你把压力视作一种负担,那么你便要开始人生中的另一种不幸。

压力确实令人感到痛苦,甚至窒息,但成大事者却能够把压力变为成功的有力跳板。人生是短暂的,无论是顺境还是逆境都要一一经历,无论何种压力都需要我们积极面对,追求成功的过程中一定充满了挫折与失败,你不打败它们,它们就会打败你。压力并不可怕,相反,它是个人能力的最佳催化剂。压力能使人在最困难的时候,因无路可退,而不断地自我超越。

拿破仑幼时的生活是十分清苦的。他的父亲是出身科西嘉的贵族,后来家道中落而一贫如洗。但他仍多方筹措费用,把拿破仑送到柏林市的一所贵族学校去求学。但是那所学校的学生大多家境优越、丰衣足食,拿破仑自己则破衣敝屣,所以常受那些贵族子弟的欺负和嘲笑。

起初拿破仑还能勉强忍耐那些同学的作威作福,但后来实在忍无可忍,便写了一封信给父亲,抱怨他的苦处。他父亲的回信只有短短的两句话:"我们穷是穷,但是你非在那里继续读下去不可。等你成功了,一切都将改变。"就这样,他在那个学校里继续求学了五年之久,直到毕业为止。在这五年里,他受尽了同学们的各种欺负凌辱,但每受到一次欺负和凌辱,就越使他的志气增长一分,他决心要把最后的胜利拿给他们看。

拿破仑之所以伟大,就是因为他可以把一切不幸的压力转化为上进的动力,一时的困难和屈辱并不可怕,可怕的是一辈子活在屈辱之中。如果你有信心战胜一时的压力,那么成功还会遥远吗?

人生就是一场对种种困难的无尽无休的斗争,只有通过拼搏才能看见绚丽的彩虹。勇士和懦夫都经历过人生的低谷,而胜利只属于能将压力变成动力的人。

所以,当你感觉到压力时,别急着抱怨,而要勇敢接招,要做战胜压力的勇士,做生活中的强者,做生活的主人,做压力的掌控者!

无论是人生或者事业道路上的艰难险阻,也无论是生活和工作中存在的种种挑战,都让我们感到了压力的存在,让我们增加了对时间的紧迫感。但正是因为如此,我们才更加珍惜眼前的一切,才更加奋发图强,才更加茁壮成长。

第六章 顶住压力:聚积气势,赢得动力

107

 轻松释压，把压力维持在最佳程度

当今社会，压力已成了人们普遍的生存状态，严重影响着人的生活质量。现代人在充分体验高科技成果带来的前所未有的愉悦的同时，也正忍受着它带给人们的巨大压力。在"时间就是效益"、"时间就是金钱"等类似观念的感召下，人们与时间赛跑，丝毫不敢怠慢地填满每一分每一秒，忙工作，忙进修，忙休闲，连吃饭都分秒必争，去吃快餐。在这样的快节奏生活下，工作压力、学习压力、生活压力等一齐向人们袭来。身强力壮、承受力大者，挺身憋气，强自为之；心理素质差、承受力弱者，就会恐慌、失眠。

一分为二地看，人不能没有压力，但压力不是越多越好。应该承认，它在鞭策人们前进中是起到一定作用的。但是，我们每一个人都有一个压力的承受极限，即阀值，超过这个极限，如不能及时排解，就要出问题。现代人压力普遍已超过压力的警戒线，许多人甚至已经超过阀值，这是一个危险的信号。

当然，如果压力太小或没有压力，人们就会失去动力，不思进取。俗话说："人要逼，马要骑。"每个人应根据自身条件，把压力维持在最佳程度，只有这样才能临压不惧，真正体验快乐生活。

在巨大的生存压力之下，人们每天总是忙、忙、忙，越忙碌，就越觉得生活茫然。不知为何要这么忙，却又是忙、忙、忙。于是，盲目、忙碌、茫然，成天游来荡去，累了、烦了，却还是摆脱不了。忙碌仿佛成了一种惯性，而一旦脱离了这种惯性，整个人又似没有了魂的幽灵，整天晃来荡去不知所措。偶尔工作的余暇有片刻的松懈，又仿佛是偷来的快乐，不敢受用。

我们有时会感到自己完全被外力作用所左右而无能为力。这时，我们什么力气也没有，什么反应能力也没有，一种莫名的疲乏困扰着我们，却不能分清困扰我们的问题的严重程度，因而我们觉得自己突然变成了另一个人，甚至喜怒无常，这些不适感的罪魁祸首就是精神压力。

商界一个名人在接受访问时说道："我每天工作超过 18 个小时！常常是连吃饭的时间都在工作！"而此人得到的结果竟是吃了几场官司，坐了一次牢狱，并最终于 47 岁英年早逝。虽然累积了几亿财富，但在世时他得到的似乎仅仅是忙碌和烦躁而已。

忙碌已非一种状况，而成了一种习惯。没有人喜欢忙碌，但在巨大的竞争压力下，不忙碌又害怕自己会落伍，会被社会淘汰。对于大多数人来说，淘汰的危机与发展的危机并存，因此许多人都处在不穷也不富的尴尬阶段，放弃工作便一穷二白，停下脚步便身心皆空。于是，只能马不停蹄地向前奔，只能用透支的身体作为生命中唯一的本钱，为"希望中的未来"而辛苦奔波。

没见过一个发条永远上得十足的表会走得长久，没见过一个马力经常加到极限的车会用得长久，没见过一个绷得过紧的琴弦不易断，也没见过一个心情日夜紧张的人不易得病。人们在尘世的喧嚣中日复一日地进行着各自的奔波劳碌，像蜜蜂般扇动着生活的羽翅，难免会有种种不安。所以，我们何不放慢脚步，静下心来想想，在巨大的压力之下，每分每秒地忙碌，除了累坏了身体，增加了脸上的皱纹外，我们又得到了什么？

压力的产生也可能是因为对事情本身的理解造成的，比如过分夸大了事情的重要性和后果，导致心理负担加重。不少人往往因为急于求成，而忘记了对事情本身的思考。

尽管身边有许多人背负沉重的压力，但也有人总能轻松释压，以最佳心态投入工作和生活，这样的人应该成为我们的榜样。

"一切尽在掌握"，这种感觉本身就能很好地缓解压力。留一点儿时间思考能让你更清楚地看到事情本来的面目，同时也给了自己一个解剖情绪、分解压力的机会。有选择地而不是被动地接受所面临的各种压力，才能更轻松地迈向成功。

第六章　顶住压力：聚积气势，赢得动力

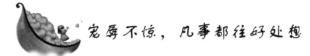

## 宠辱不惊，凡事都往好处想

人世间，并非无烦恼就快乐，也并非快乐就没有烦恼。人生难免有不如意的事情，如果我们一味地计较和抱怨自己的失意，那么我们就很难有感到如意的时候。"宠辱不惊，闲看庭前花开花落；去留无意，漫随天外云卷云舒"。既然悲观于事无补，我们不如选择做一个乐观主义者，凡事往好处想，避免自己受到伤害。

赞比亚自然环境好，居然有一大群猴子在总统府安了家。一天，总统鲁皮亚·班达在办公室外召开露天新闻发布会。突然，他感到座椅上方的树上有什么东西落在自己身上，仔细一看，原来竟是一只在树上玩耍的猴子撒的尿。

"都尿到我衣服上了！也许，这是对我的祝福吧！"班达缓过神来后，幽默地说。他的这番话，把记者们都逗乐了。大家这么一笑，那种令人难堪的气氛被化解了，不仅新闻发布会可以接着开，而且记者们可能以这个趣闻为素材充分发挥，恰恰可以树立总统机智、幽默、亲近的正面形象。成大事者都会选择乐观的生活态度。选择了乐观的生活态度，就是选择了量力而行的睿智和远见，就是学会了审时度势、扬长避短、把握时机。

两个工程师合作承担了一项研究项目，在项目即将完成时，他们做了一次试验，结果，出乎意外地失败了。他们从中发现了一些以前未曾预见的问题。

面对挫折，其中一个工程师陷入了深深的自责之中，甚至怀疑自己是否还有完成这项研究项目的能力，而另一位工程师却为此感到欣慰：幸好是在项目投入前发现了问题，这样可以在这个项目投入实际运作时避免许多错误。于是他再次投入到了项目的研究中，最终完成了它。

毫无疑问，只有积极的心态才能使你迎战突如其来的挫折，不被挫折所击垮。也只有这样，你才能从挫折中获取有益的经验和教训，继续走上成功的道路。

有个大臣因智慧超群而深受国王宠幸。他有一个不同寻常的特点：对待任何事情，都保持积极乐观的想法。也正是由于这种态度，他为国王解决了不少难题，因而深受国王的器重。

国王喜欢打猎，但在一次围捕猎物的时候，不慎弄断了一截手指。国王疼痛之余，马上叫来了智慧大臣，征询他对意外断指的看法。智慧大臣却轻松自在地对国王说，这是一件好事，并劝国王不要为此事而烦恼。

国王听了很生气，认为智慧大臣是在取笑他，遂命侍卫将他关进监狱。

待断指伤口愈合之后，国王又兴致勃勃地忙着四处打猎。不幸的事终于发生了，他带队误闯入邻国国境，被埋伏在丛林中的野人捉住了。

按照野人的惯例，必须将活捉的这队人马的首领敬献给他们的神，于是便将国王押上祭坛。正当祭奠仪式要开始时，主持的巫师突然惊叫起来。原来巫师发现国王断了一截手指，而按他们部族的律例，献祭不完整的祭品给天神，是要遭天谴的。野人赶忙将国王押下祭坛，把他驱逐出国境，另外抓了一位大臣献祭。国王狼狈地逃回国，庆幸大难不死。忽然，他想起智慧大臣说断指也许是一件好事，便马上将他从牢中释放出来，并当面向他道歉。

智慧大臣和往常一样，仍然保持着积极乐观的态度，笑着原谅了国王，并说这一切都是好事。

"说我断指是好事，现在我能接受。但如果说因我误会你，而把你关在牢中，让你受苦，你认为这也是好事吗？"国王不服气地质问。

"臣在牢狱中，当然是好事。陛下不妨想想，我若不是被关在牢中，那陪陛下外出打猎的大臣会是谁呢？"智慧大臣笑着回答。

有一位虔诚的作家在被人问到该如何抵抗诱惑时，他回答说："首先，要有乐观的态度；其次，要有乐观的态度；最后，还是要有乐观的态度。"

与乐观态度相对的是悲观态度，它们都是人类典型的也是最基

111

本的两种态度倾向，它们影响着我们的生活方式。美国医生做过这样一个实验：他们让患者服用安慰剂。安慰剂呈粉状，是用水和糖加上某种色素配制的。当患者相信药力，就是说，当他们对安慰剂的效力持乐观态度时，治疗效果就显著。如果医生自己也确信这个处方，疗效就更为显著了。这一点已用实验得到了证实。

一位乐观主义者总是假设自己是成功的，就是说，他在行动之前，已经确定了85%的成功把握。而悲观主义者在行动之前，却已经确认自己是无可挽救的。

从众多的传记中我们可以了解到，古往今来，那些天赋异禀的伟人们，大多具有乐观的生活态度——他们不为名利、金钱或权势所动——在平静中享受生活的乐趣，迸发出自己的激情，例如荷马、贺拉斯、维吉尔、蒙田、莎士比亚以及塞万提斯等，他们的作品都很好地反映出这一点。在他们经久不衰的著作中，充分表现出了那种对平静和乐观的追求。乐观向上的人物举不胜举，我们在这里要提到的还有路德、莫尔、培根、达·芬奇以及拉斐尔等。他们之所以快乐，是因为把毕生的精力都投入到了为之奋斗的事业中，并享受着工作的乐趣——用他们的博学不断地创造美好的生活。

加拿大前总理克雷蒂安有次乘坐波音737飞机，准备为大选进行宣传活动。飞机从安大略省起飞，在飞往新斯科舍途中，飞行员报告说飞机的轮子掉了，因此飞机不得不紧急降落。飞机安全降落后，克雷蒂安为了化解人们的紧张情绪和对此事的过分关注，便对采访他的记者开玩笑说："这样也好，我们的宣传活动也因此多添了一站。"

凡事都往好处想，不仅不会使自己的好情绪受影响，而且会变不利因素为有利因素，从而创造出有利于自己发展的空间与环境，成功的命运往往属于这样的人。

## 懂得换肩，压力就不会那么重

一定程度的压力对于我们来说未尝不是好事，它能让我们作好承受压力的准备，从容应对未来的挑战。但是，压力过大或者持久的压力却会让人感到难以承受。

有个人问一位德高望重的禅师："禅师，你可有什么与众不同的地方？"

禅师答："有。我觉得饿的时候就吃饭，感觉困乏的时候就睡觉。"

来人甚是不解："这算什么与众不同的地方，每个人都是这样的啊？"

禅师答道："当然是不一样的！有的人吃饭时总是想着别的事情，不专心吃饭；他们睡觉也总是做梦，睡不安稳。而我吃饭就是吃饭，什么也不想；我睡觉的时候从来不做梦，所以睡得安稳。这就是我与众人不一样的地方。"

很多人都很难做到一心一用，他们在利害得失中穿梭，囿于浮华的宠辱。他们在生命的表层停留不前，这是他们生命中最大的障碍，他们因此而迷失了自己，让压力永远在心头。事实上，人们只有放下压力，才能活得轻松坦然。

两个人经常一起下山去河里挑水，其中一个人挑完水只是喘几口粗气，而另一个人却每次都累得要歇上半天。感觉非常累的人想：那个人的身体还没有我强壮，挑水的桶也不比我的桶小，为什么他挑一担水看上去若无其事，可是我挑一担水却总是累得腰和腿都酸软了呢？

一天清晨，两个人又一起到山下的河里去挑水，来回几次，那个瘦小一点的人好像什么事也没有，而强壮一点的人则累得连一条胳膊也抬不起来了，他的肩膀又红又肿。他终于忍不住了，好奇地喊住那个好像并不怎么累的人说："让我看看你的肩膀。"

113

那个人脱下衣服让他看个清楚——肩膀只不过稍微有点红罢了，并没有肿起来。强壮的人感觉非常奇怪，自己和瘦小的人挑一样的担子，走一样远的路，为什么自己的肩膀又红又肿，而他的肩膀却什么事也没有？

瘦弱的人也感觉很奇怪。于是，两个人决定交换水桶来挑水。健壮的人挑起一担水，却发觉自己的肩膀越肿越大，而且越来越疼了，那个瘦弱的人依然一点事都没有。

健壮的人更加奇怪了，两人再次下山挑水的时候，他让瘦弱的人走在前面，自己亦步亦趋跟在后面，想仔细看看自己和他究竟有什么不一样。可是这样挑了一趟下来，他依然没有发现两个人有什么不同的地方。

瘦弱的人也感到非常奇怪，第二天再下山挑水的时候，他让健壮的人走在前面，自己则走在后面仔细地观察。等两人挑着水走到半山腰时，瘦弱的人终于发觉了健壮的人累的原因，他急忙喊住健壮的人："你为什么不用两个肩膀挑水呢？"

健壮的人愣住了："用两个肩膀挑水？"

瘦弱的人说："是呀，我们有左右两个肩膀，你为什么只用一个肩膀挑水呢？"他边说边挑起他的水桶说："你看，我现在用右肩膀挑水，一会儿右肩膀累了就换到左肩膀上来。"他边说边把肩上的扁担轻轻一挪，担子就跳到了自己另一个肩膀上："你看，这样不就能让其中一个肩膀歇一下了吗？我就是这样左肩换右肩、右肩换左肩的，所以才不会觉得那么累的。"

健壮的人顿悟："是啊，我有两个肩膀，为什么总把担子放在一个肩膀上呢？"我们都有两个肩膀，可是却有人不懂得将自己的人生苦难不停地换肩。不懂得换肩，就等于失去了人生的一半力量，就会举轻若重，让并不沉重的生活把我们压倒。如果我们能适时地把压力换肩，我们就多了一倍的力量，也容易轻松抵达自己人生的目标。

不怕输才会赢

## 宣泄情感，为压力找个宣泄口

宣泄情感，及时地清理内心的杂草，宣泄自己的喜怒哀乐，已经成为公认的自我调节情绪的方法。喜欢生闷气，把一切烦恼和怒火都憋在心里，长期的不良心态过多地堆积在心底，心理负荷过重且得不到释放，就会增加我们的紧张、烦躁、易怒等不良情绪，对我们的身心健康造成影响。所以，当我们面临不良情绪的侵袭时，就应当学会合理地宣泄。

清晨，在地铁或公交车上，总能看见一些无精打采、行色匆匆或脾气暴躁的人。高强度的生活节奏压得人们焦灼不堪、神情疲惫，这也是现代都市生活的必然产物。

面对这样的生存环境，每个人或多或少都面临着一定的压力。有些人是"完美主义者"，凡事都追求完美。但事实不可能尽如人意，谁也不是万能的人。很多时候，所谓的压力是因为我们给自己制定了不合实际的目标。首先，我们要面对现实，设定客观现实的目标。对自己和别人的期望值要实际一些，使之切实可行，才可以避免因实现困难或无法实现而导致紧张焦虑。

我们每个人都有各自的性情、品格和价值观，任何人都不会随便迎合别人的意思，就像我们自己也未必符合别人的要求一样。有时，对别人的要求越高，所得的结果反差越大，自己的不满情绪也会越大。所以，我们不仅要保持积极向上、努力进取的态度，还要保持一颗坦然面对成功与失败的平常心。适当放低对别人的期望，你就容易得到满足。只有这样，我们才能长久保持自己的心情舒畅。

曾经有一条小鱼在河水中畅快地游弋，由于游得过于开心，它没有意识到前方的桥墩，结果不小心撞了上去。小鱼不去反省自己的疏忽大意，反而怪起桥墩，因此恼怒异常。生起气的小鱼张着大大的嘴巴，竖起鳍，独自漂浮在水面上，内心的怒火久久不能平息。

小鱼决定同桥墩斗气，于是就停在水面上一动不动。这时，正

115

巧有一只鱼鹰飞来，一把将小鱼抓了起来，于是这条小鱼就成了鱼鹰的腹中餐。

在我们的生活中有许多人在遇到挫折和委屈时，都像这条小鱼一样，喜欢生闷气，把一切烦恼和怒火都憋在心里，结果不但解决不了任何问题，反而使自己身陷囹圄。

当我们面对人生固有的烦恼和环境变化带来的种种困惑，比如疾病的纠缠、追求的失落、奋斗的挫折、情感的伤害、学习和工作的压力等各种困扰时，不良的情绪就很难杜绝。利用宣泄法将内心的压力排泄出去，把不良情绪释放出去，以免自己因个人情绪受到打击而产生压抑，是我们缓解压力的一剂良方。

培根说过："如果把快乐告诉一个朋友，将会有两个人分享快乐；如果将忧愁向朋友倾诉，你的忧愁将被分掉一半。"正确的宣泄法应是文明、高雅、富有人情味的交流。当遇到不愉快的事时，不要自己生闷气，把不良心境压抑在内心，而应当学会倾诉，通过倾诉把内心的不良情绪释放出去，这样不但能使情绪得到发泄，还能使我们在倾诉的过程中得到朋友更多的关心和支持，收获合理的建议和思路，帮助我们恢复心理的平衡，使自己的心情变得坦荡舒畅，从而尽快走出痛苦的深渊。

有时，有意识地转移话题或做点儿别的事情来分散注意力，也可使情绪得到缓解。若实在太压抑了，不妨痛哭一场。哭是人类的一种本能，是人的不愉快情绪直接外在的流露。

既然我们明白了压力无处不在，那么我们就必须及时地、适当地通过情绪调节来缓解心理压力，为消极的情绪找个突破口。该宣泄时一定要宣泄，这样，就可以避免给精神和身体带来更大的伤害。

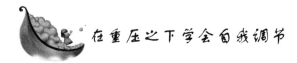

## 在重压之下学会自我调节

我们每一个人都是这个社会的一分子，都不可避免地面临一定的压力。其实，适度的压力对人来说并无大碍，反而在一定程度上对人有一种积极的促进作用。因为适度的压力能使人处于应激状态，使人的大脑神经处于兴奋状态，因而做事会更加专心，反应也会更加敏捷。

然而，我们生活在当今这个时代，面临的不仅仅是变幻莫测的世界形势所带来的压力，同时还要面对来自工作、上司、家庭、生活等各方面的压力。这些外在竞争和自身感受会给人的心理带来沉重的压力，严重的甚至会引起心理疾病和身体不适。所以，压力也是一种无形的力量，它能够给人带来很大的反面作用和消极影响，不利于人的身心健康发展，也不利于开展高效、快乐的生活。

阿娟是一家公司的财务会计，典型的白领阶层。由于公司的考勤制度严格，她每天早上五点就准时起床，然后收拾收拾去挤地铁，有时候早饭都来不及解决；而且几乎每天都要加班到晚上十点才能下班回家，从来不敢迟到早退。公司每个月都要对员工考核一次，不合格的就会被扣奖金，严重的甚至会被裁员。上司每次交给她的任务，绝对不允许有任何借口拖延或不完成，否则她就要接受领导的一顿咆哮。

几年之后，阿娟已经升职为财务主管，自己的业务能力也日臻成熟，但是她却萌生了越来越强烈的辞职愿望，以至于她吃不下饭，睡不好觉，遇到一点事总想摔东西或者像上司一样咆哮一通，有时候还会莫名其妙地流泪。阿娟自己也为此感到非常烦恼。

在朋友的提醒下，阿娟找心理医生咨询。心理医生告诉她，她的情况是压力太大了，吃不好饭、睡不好觉都是压力大的具体反应，需要赶紧调节过来。

阿娟问医生有没有好的方法可以帮助自己减轻压力，医生告诉她，最好的方法就是一旦感觉自己有压力的时候，就要及时进行自我调节，比如做一些运动、出去看风景、听音乐、和朋友聊天等都是简单有效的方法。

解决了这一烦恼之后的阿娟，比以前更有精神了，工作起来效率也明显提高，人看起来整天都是一副快乐的样子，并且她的这种好状态也感染了其他的同事，整个部门的业绩也随之提高了。

压力过大会给人带来心理和生理各方面的不适。因为在压力过

117

大的情况下，人的感官会首先作出反应，使人的身体内部产生一定的不良反应，如紧张、焦虑、悲观、愤怒、暴躁等，使人容易出现抑郁、绝望、孤僻、厌世等情绪。

压力当头，我们首先需要做的是把心中的压力宣泄出来，并且运用合适的方法来调节自己的情绪，尽可能地把这些恼人的事丢在一边，恢复良好的心理状态，以减轻压力对自己的不良影响。概括起来就是自我调节，减缓压力，放松心情，从而更好地工作和生活。

合适的运动是释放压力的好方法，做一些合适的运动，尤以有氧运动为主，不仅可以使人的身体得到舒展，而且还可以让心理上得到轻松和愉悦，以此来缓解压力，减轻或者消除烦恼。

倾诉也是释放压力的一种好方法，我们可以向朋友、亲人、同事等倾诉我们的烦恼。烦恼有人来承担，可以使自己放松心情，放下压力。

合适的音乐可以让人舒缓神经、放松头脑，唱歌也是一项不错的宣泄压力的方法。

旅行时我们可以赏美景、品美食、体验风土人情，在优美的风光中，那些烦恼和压力自然会随风飘走。有很多食物本身都有调节神经、缓解压力的作用，我们完全可以在赏美景、品美食中把自己的压力和烦恼统统释放出去，然后以轻松的心情来对待接下来的工作和生活。

在重压之下学会自我调节，可以让我们的身心更加健康，使我们既拥有良好的工作状态，也拥有美好生活的基础。

 顶住压力，终会看到命运的曙光

有压力才会有动力，很难想象一个没有压力的人能不断去发挥自己的潜能，而只有那些能顶住压力的人才能有所成就。

压力处处都有，而且是每个人都必须面对的问题，适当的压力可以让我们充满动力，而过度的压力却让我们倍感辛苦，甚至成为我们前进的负担。

管理压力，就要找出减负的办法。不要人为地给自己制造不必要的压力，自己为难自己。

有这样一个故事：死神来到一个村落，向那里的人宣布："明天我要带走 100 人的生命，至于是哪些人就留待明天揭晓。"第二天，当死神到村落准备带人的时候，意外地发现这个村落中一夜之间竟然死了 1000 人。这些人是因为不知道明天自己会不会被死神带走而产生了心理压力，更由于自己不能正确地排解压力，而被巨大的心理压力夺去了性命。

还有类似的故事，比如一个工人被锁在了冰库之中，他拼命地敲打冰库的铁门，但是没有任何回应。他绝望了，以为自己一定会被冻死在这个冰库里面。第二天，大家发现他真的死了，但是他不是被冻死的。因为那一天工厂停电，冰库根本不可能把人冻死。工人的死是被死亡的压力吓死的。

这样看，有的压力是我们自己给自己找的，这些压力我们应该尽力去避免。但是有一些确实存在的压力，我们却应该认真对待。有压力才会有动力，很难想象一个没有压力的人能不断去发挥自己的潜能，而只有那些能顶住压力的人才能有所成就。

在成功的道路上没有霸王条款，只要你顶住压力，勇于去挑战成功，你就能跨越起点，逼近成功。

美国五大湖区的运输大王考尔比刚参加工作时非常贫穷，他最初从纽约一步一步走到克利夫兰，后来在湖滨南密歇根铁路公司总经理那里谋了一个书记的职务。

但是他工作了一段时间后，就觉得这个职位的视野过于狭小——除了忠实地、机械地干活以外，没有任何发展前途可言，这已不能满足他远大的志向了。他也意识到，梯子底部不一定就安稳，上面随时都可能掉下东西砸到自己，这样还不如给自己加点压力，迫使自己爬到梯子的顶部。

于是，考尔比辞掉了这份工作，在海·约翰大使的手下谋得了一个职位。大使后来成为国务卿、美国驻英国大使，而在此之前，考尔比就已经明白，与前者在一起不会有发展，而与后者共事，只

第六章　顶住压力：聚积气势，赢得动力

*119*

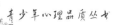 

要自己能够顶住压力，奋发图强，则会有很大的成就。

一位30多岁在读MBA的人袒露，他这岁数还来读MBA，只是为了越过一些层级。他原来的单位是个很保守的地方，论资排辈，他工作了几年仍然是个小跟班，参与不了任何重要的事情，也得不到真正的锻炼，而自己比较适合的中高级管理人员的位置又是那样遥不可及。他的许多同龄人都逐渐变得懈怠和颓废起来，但他选择了离去，选择了越过一些也许是永远都难以"胜任"的层级，直奔"主题"。虽然MBA的课程读起来很辛苦，但他乐在其中，因为他知道山的后面是什么。

后来，他做了一家大公司的高级主管，年薪超过50万，而他原来的年薪不足2万。更重要的是，他坐在了最适合他的位子上。

很多时候，是我们不敢向自我挑战，总觉得那些事情那么难，自己怎么可能实现呢？这样的压力令我们失掉了一次次的机会。而那些成功的人、成功的企业，并不是因为他们本身就有三头六臂，而是他们有挑战自我的勇气，相信自己，顶住挑战的压力，在超越一个个目标后，他们会为自己继续加压，选择更高的目标来征服。

在生活的洪流中，人应当有逆流而上的勇气，不断努力，再苦再难也要坚持，只要熬过了，什么样的困难都难不住你。

有时候，我们要消除不必要的压力；有时要故意给自己制造压力；有时又要把压力适时地放下，这样才能拿得更久。培养自己的积极情绪，不为面临的种种困难和挫折所吓倒，顶住压力，我们终会看到命运的曙光。

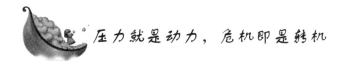

压力就是动力，危机即是转机

压力就是动力，危机即是转机。当我们遇到困难，产生压力时，一方面可能是由于我们自己的能力不足，因而我们整个处理问题的过程，就成为增强自己的能力、发展成长的重要机会。可以说，乐观向上的态度不仅会平息由压力带来的紊乱情绪，也能够使问题导向正面的结果。

人生苦短，由此不难让我们联想到，云南大理白族的三道茶，就是一苦二甜三淡，象征了人生的三重境界。苦尽才能甜来，随之才有散淡潇洒的人生，才会不屈服于挫折的压力，开创大业，走向人生的辉煌。认为压力是压力的时候就会感到疲累，认为压力是动力的时候就会活力四射。

人生并不总是一帆风顺的，各种各样的挫折都会不期而遇。天无绝人之路，生活抛给我们一个问题，同时也赋予我们解决问题的能力，这就是压力与动力并存。当你面对巨大的压力时，你不能沉沦而是应该保持镇静，理智地做到不卑不亢，要相信自己有能够解决任何问题的能力。

每个人都不必乞求希望，因为希望就在自己身上。无论是哪块命运的石头砸着了你，你都应该有迎接厄运的气度和胸怀，在打击和挫折面前做个坚强的勇者，跌倒了再重新爬起来，将自己重新整理，以勇者的姿态迎接命运的挑战。不开心的时候不妨这样问自己：也许沙尘暴眯过我的眼睛，但沙尘过后，睁眼举目，不依然是春花烂漫、暖风和煦吗？

在压力面前只会抱怨和诅咒，只能证明自己心胸狭窄和不成熟，反而增长了压力的气焰。与其如此，倒不如感谢挫折和压力让我们变得更加坚强。

压力，其实都有一个相同的特质，就是突出表现在对明天和将来的焦虑和担心。挑战压力，我们首先要做的不是去观望遥远的将来，而是去做手边的清晰之事，因为为明日做好准备的最佳办法就是集中你所有的智慧、热忱，把今天的工作做得尽善尽美。

加拿大一位长跑教练，在很短的时间内培养出了几位长跑冠军，因此而闻名于世。有很多人来他这里探询他的训练秘密。谁也没有想到他成功的秘密居然是因为有一个神奇的陪练。而这个陪练不是哪个人，而是一只凶猛的狼。

在日常生活中，许多人常常会犯这样的致命错误：他们总是在诅咒自己的敌人，并且生敌人的闷气；或者总是在庆幸自己没有遇到一些可怕的敌人；或者因为自己遇到了敌人而失魂落魄。这种想

第六章 顶住压力：聚积气势，赢得动力

法是不可取的，我们应该为自己有一个敌人或者是强大的敌人而感到庆幸，为自己遇到一些艰难的境遇而庆幸，因为这正是你脱颖而出的机会。

应当感谢敌人，感谢他们给了我们人生的压力，才使我们变得强大。

人生的乐趣在于成功地克服险境和挑战压力，因为有压力才会有消除压力后的独特享受。所以说，压力就是动力，只有当你被追逐的时候，你才跑得最迅速。当我们感到自己的生存有压力、有烦恼的时候，切忌自怨自艾，陷于忧虑重重的情绪当中，而是要懂得变压力为自己人生的动力，迎难而上，勇于挑战，为自己赢得人生的辉煌。

不怕输才会赢

# 第七章　输赢得失：赢何喜？输又何忧

　　人的一生，有得有失，有盈有亏，整个人生就是在不断地重复得而复失、失而复得的过程。

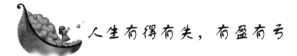人生有得有失，有盈有亏

人的一生，有得有失，有盈有亏，整个人生就是在不断地重复得而复失、失而复得的过程。

接受"失去"应该是人生的必修课。因为人在一生中，会逐渐地失去年轻，失去健康，失去少年的轻狂，失去可以把握一切的气势，失去做梦的勇气，也在失去做梦的资本。随着年龄的增大，我们还要面临失去工作，失去身边的朋友、熟人，到最后，我们将失去整个熟悉的世界，步入天堂。

一位旅客去旅游，站在船尾观赏两岸景色时，不小心将手提包掉落在江中，包中有不少钞票。他当即不假思索地跃身跳入水中，试图将自己的包打捞上来，结果虽然包抓到手中，可人再也没有出来，连自己的性命也搭了进去。

有一天，楚王外出游玩时不小心丢了他的弓，他手下的人要去找回来。楚王说："不必了，虽然弓掉了，总会有人捡到，不管怎样，反正都是楚国人得到，又何必再去找呢？"

孔子听说了这件事，感慨道："楚王的这种心态很好，但楚王的心还是不够大呀！为什么不讲人掉了弓，自然会有人捡到，又何必计较是否是楚国人呢？如果能这样，那不是更加不会计较，更加放得开，更加自在了吗？"

先师们说：人生在世，紧握着拳而来，平摊两手而去。人的一生不可能永久地拥有什么。一个人获得生命后，先是童年，接着是青年、壮年、老年，然而这一切又都在不断地失去。在得到什么的同时，你其实也在失去。所以说人生获得的本身也是一种失去。

得到了名人的声誉或高贵的权力，同时就失去了做普通人的自由；得到了巨额财产，同时就失去了淡泊清贫的欢愉；得到了事业成功的满足，同时就失去了眼前奋斗的目标。

我们每个人如果认真地思考一下自己的得与失，就会发现，在

得到的过程中也确实不同程度地经历了失去。整个人生就是一个不断地得而复失、失而复得的过程。一个不懂得什么时候该失去什么的人，是愚蠢可悲的人。谁违背这个过程，谁就会像贪婪的蛇，累倒在地，爬不起来。

俄国伟大诗人普希金在一首诗中写道："一切都是暂时，一切都会消逝，让失去的变为可爱。"

1883 年，天真烂漫的玛丽亚（居里夫人）中学毕业后，因家境贫寒无钱去巴黎上大学，只好到一个乡绅家里去当家庭教师。她与乡绅的大儿子卡西密尔相爱了。在他俩计划结婚时，却遭到卡西密尔父母的反对。这两位老人深知玛丽亚生性聪明、品德端正，但是，贫穷的女教师怎么能与自己家庭的钱财和身份相匹配呢？父亲大发雷霆，母亲几乎晕了过去，卡西密尔屈从了父母的意愿。

失恋的痛苦折磨着玛丽亚，她曾有过"向尘世告别"的念头。玛丽亚毕竟不是平凡的女人，她除了个人的爱恋，还爱科学和自己的亲人。于是，她放下情缘，刻苦自学，并帮助当地贫苦农民的孩子学习。几年后，她又与卡西密尔进行了最后一次谈话，卡西密尔还是那样优柔寡断。她终于砍断了这根爱恋的绳索，去巴黎求学。这一次失恋，就是一次"幸运的失去"。如果没有这次失去，她的历史将会是另一种写法，世界上就会少了一位伟大的女科学家。

学会习惯于"失去"，往往能从"失去"中"获得"。得其精髓者，人生则少有挫折，多有收获；人会从幼稚走向成熟，从贪婪走向博大。

对善于享受愉悦心情的人来说，人生的艺术只在于进退适时，取舍得当。因为生活本身即是一种悖论：一方面，它让我们依恋生活的馈赠；另一方面，又注定要我们对这些礼物最终弃绝。

执著地对待生活，紧紧地把握生活，但又不能抓得过死，松不开手。人生这枚硬币，其反面正是那悖论的另一要旨：我们必须接受"失去"，学会怎样松开手。

生活的这种教诲的确是不易接受的，尤其当我们正年轻的时候，满以为这个世界将会听从我们的使唤，满以为我们用全身心的投入所追求的事业都一定会成功，而生活的现实仍是按部就班地走到我们的面前。于是，这第二条真理虽是缓慢的，但也是确凿无疑地显现出来。

我们在经受"失去"中逐渐成长，在"失去"中经过人生的每一个阶段。明明知道不能将美好永久保持，又何必刻意地去造就美好的事物，又何必要去臣服于生活的这种自相矛盾的要求呢？

我们必须寻求一种更为宽广的视野，透过通往永恒的窗口来审度我们的人生。一旦如此，我们即可醒悟：尽管生命有限，但我们在世界上的"作为"却为之织就了永恒的图景。

人生绝不仅仅是一种作为生物的存活，它是一些莫测的变幻，也是一股不息的奔流。我们的父母通过我们而生存下来，我们也通过自己的孩子而生存下去。我们建造的东西将会留存久远，我们自身也将通过它们得以久远地生存。我们所造就的美，并不会随我们的湮没而消失，它们与时俱在，永存而不朽。

幸福的方向永远只会掌握在自己的手里。如果我们把自己的心态调整好，找到心理的平衡点，不太计较得与失，就会发现人生的意义并不在于一得一失中。在享受了世间事物的真切，体会了人生的痛苦与欢乐后，我们才能体会到人生幸福的真正意义。

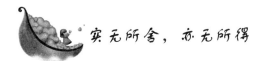

## 实无所舍，亦无所得

佛经《了凡四训》中说："实无所舍，亦无所得，是谓'舍得'。"

我们要想取得成功的喜悦，就要付出辛勤的汗水。而要有所得，就要学会放弃。舍与得于人生是一种取舍的哲学。舍得是一种大智慧，舍得之间，和谐之美。

春秋战国时期，魏国的信陵君为人忠厚，讲仁义，善于成人之美。信陵君的门客有3000多人，其中有一位门客叫侯生，本是屠户出身，其才庸庸，其貌平平，因此经常受到其他门客及家人的嘲弄与鄙视，而信陵君以士之礼待之，一视同仁，毫无嫌弃和厌恶之感。

相反，还能尊重他的意见，满足他的要求。

公元前 248 年，秦国围攻赵国都城邯郸，赵王数次遣使向魏求救。魏王怕引火烧身而不敢发兵，但是在各国一片合纵抗秦的呼声之下，又不能对邻居见死不救，他只好派大将晋鄙率领十万人象征性地救援，虽大造声势，实则驻军于邺下，停滞不前。

信陵君多次请求魏王催促晋鄙进兵，魏王不听。信陵君一怒之下，带领自己的 3000 多门客准备与秦军决一死战。

临别时，信陵君找到侯生，侯生却一反常态，对信陵君赴汤蹈火无动于衷。信陵君见状，很是生气，便带领其他门客出发了。可是走了十来里地后，他越想越不对劲，于是就想回头找侯生问个明白。原来侯生使的是欲扬先抑之计，他故作冷淡，使信陵君诧异，然后再提出自己的意见。侯生指出，信陵君这样行动无异于以卵击石，与其铤而走险，不如偷来兵符，操纵军队。

最后，信陵君在好友朱亥的帮助下，终于盗得了兵符并取得了晋鄙的兵权，最终大败秦军。

我们可以看到信陵君的成功并非偶然。他的仁义为人、成人之美、舍得给予的美德，使他在遇到困难时，很多人愿意帮助他，甚至为他拼死效力。然而在现代社会里，一些人却非常自私，他们只顾自己的利益，却不管别人的死活，只知道一味索取，而不懂得给予。

中国商人的始祖范蠡曾辅佐越王勾践打败吴国，之后，他辞官经商，很快便富甲一方，后人尊称其为"陶朱公"。不料，他的次子却因杀人被囚在楚国。陶朱公想破财免灾，打算拿钱换回儿子的性命，于是准备让小儿子去办这件事。

大儿子听说后，立即找到父亲，说："如此大事，父亲竟然让小弟弟去而让我待在家中，是不是觉得我无能？如果这样，我活着还有什么意思？"说着竟要死给父亲看。陶朱公无奈，只得派长子去，并嘱咐道："一到楚国，立即把信和钱交给庄生，他是为父多年的朋友。不管他如何处理，你都要听他的安排。"

长子找到庄生家，发现其院内杂草丛生，连个奴仆都没有，心想父亲绝对看错了人，但他还是把信和钱交给了庄生。庄生读完信，收下钱，对长子说："你现在赶快离开我这里，等你弟弟一出来，你们马上回国，不要究其原委。"但长子并没听从庄生的话，不但没走还去贿赂其他权贵。他哪里知道庄生的话在楚王那里有多大的分量，庄生贫穷只是因为其廉直。

庄生求见楚王，说近来某星宿来犯，恐有不祥，只有广施恩德才能消除灾祸。于是楚王决定大赦。长子也听说此事，心想既然弟弟肯定能出来，我何必给庄生那么多钱，于是他又找到庄生把钱要了回来。

庄生大为恼火，觉得被一个小子给耍了，又去见楚王说："听说陶朱公的儿子杀了我国子民被囚，现在有人说大赦是因为陶朱公贿赂了大臣，这有损于您的威名啊。"楚王一听当即说道："那就先杀了他，再行大赦。"结果，长子只好捧着弟弟的尸骨回家。

长子回家后，陶朱公悲极而笑曰："我早就料定如此啊。他虽想救出弟弟，但只因他幼时经历过艰辛，因而格外吝惜钱财，而小儿子从小就不知何谓贫穷，总是挥金如土，以前我之所以要派小儿子去办这事，就是因为他舍得花钱。"

一个人不可能拥有他想要的所有的东西，有时候需要适当地割舍，放弃一些利益，这样才能得到应该得到的东西。人生就是一个不断患得患失的过程，不肯舍，便无法得到将来的幸福。犹如我们一路前行，眼前风光旖旎，美不胜收，当舍不得赶路前行的时候，我们便失去了前方更多更美的风景。

无所舍，亦无所得。碰到强敌时，章鱼舍弃自己的内脏，才能保全自己的性命；遇上天敌时，蜥蜴只有断弃自己的尾巴才能死里逃生；小蝌蚪之所以长成了青蛙，是它舍弃了一条漂亮的尾巴。然而现实生活中，许多人却执著于"得"，常常忘记了"舍"。要知道，什么都想得到的人最终可能会为物所累，导致自己一无所获。

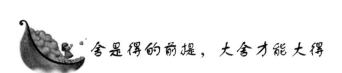

## 舍是得的前提，大舍才能大得

老子说："将欲废之，必固兴之；将欲夺之，必固与之。"而另一经典名著《韩非子》引《周书》："将欲败之，必姑辅之；将欲取之，必先予之。"意义基本相同。后来演化为成语"欲取姑予"。是劝诫世人，要想别人对你好，必先要对别人好；要想别人为你付出，不妨先为别人付出。

吴王夫差大败越国之后，越王勾践成了他的奴仆，他以为吴国可以争霸天下了。

越王勾践决心战胜吴王，但在周敬王三十六年（公元前484年）吴王出兵伐齐时，却派兵支持吴王在艾陵打败齐军，还亲自去吴国致贺，并带着许多宝物贿赂吴国君臣。

吴国君臣个个喜气洋洋，只有伍子胥看破了勾践的用心。

周敬王三十八年（公元前482年）春，吴王夫差与晋定公在黄池（今河南封丘县西南）会盟，争得霸主之位。而同时，越王却在吴王率兵远征之时，乘机攻吴，大败吴军，并最终灭吴。

我们从这个历史故事中不难明白，所谓"予"与"取"，它们之间的关系是辩证的、变化的，"取"是最终的目的，"予"只不过是达成目的的一种手段："予"就是为了"取"。一切的"予"都是以"取"为前提的，都要看对自己是否有利可图。

换一种说法也就是说，在条件还不具备的时候，要想夺取或保存某种东西，可以暂时交出或放弃它，等待时机，创造条件，一旦时机成熟，再把它夺回来。

康熙即位时年龄很小，刚刚7岁零9个月，顺治便把索尼、苏克萨哈、遏必隆和鳌拜四人召来，让他们做顾命大臣。这四个人也在顺治帝前宣誓，表示"协忠诚，共生死，辅佐政务"，"不计私怨，不听旁人及兄弟子侄教唆之言，不求无义之富贵"。但是不久，这四位大臣就忘记了他们的誓言。

在四个顾命大臣当中，索尼因年纪大病死了，遏必隆勾结鳌拜，唯鳌拜之命是从，而苏克萨哈则是鳌拜的对头。没过多久，苏克萨哈就被鳌拜陷害致死。这样，朝廷之上就只剩下鳌拜一党了。鳌拜是"巴图鲁"（满族语勇士）出身，号称"满洲第一勇士"，性格蛮横强暴，为人勇武，极难制服。他在把持了朝政大权之后，大肆捕杀异己，曾矫诏杀死了山东、河南的巡抚和总督。他在朝廷之上专横跋扈、盛气凌人，根本没有一点人臣之礼。他对康熙视若无物，经常当众与康熙大声争论乃至训斥康熙，直到康熙让步为止。在处置苏克萨哈时，鳌拜要将他凌迟处死，康熙认为他无罪，鳌拜就大声争执。康熙仍是不许，鳌拜竟捋起衣袖，上前要打康熙。康熙无奈，只得同意鳌拜把苏克萨哈处以绞刑。

康熙14岁时，按照当时的规定，他可以亲政了。但有鳌拜专权，他无论如何是没办法亲政的，除掉鳌拜就成了当务之急。那么，明捉不行，用什么办法才好呢？康熙终于想出一条妙计，不动声色地筹划了起来。

满族人很喜欢摔跤，康熙就挑选了一些身体强壮的贵族少年子弟，到宫中练习摔跤。练了一年多，技艺大有长进。康熙也不时到摔跤房去练习，居然也窥得了门径。宫廷中的王公大臣以及后妃太监尽知此事，但都觉得是少年心性，十分自然，没有任何人怀疑康熙有什么其他的动机。在不知不觉之中，康熙的这支"娃娃兵"就练好了。

在"练兵"期间，康熙还依照中国传统的"将欲取之，必先予之"的做法，连连给鳌拜升官，鳌拜父子先后被升为"一等公"和"二等公"，再先后加上"太师"和"少师"的封号，不仅稳住了鳌拜，还使他放松了戒备。

在康熙16岁的那一年，一切终于准备就绪了。他先把"娃娃兵"布置在书房内，等鳌拜单独进见奏事时，他一声令下，"娃娃兵"一齐涌上，登时把鳌拜掀翻在地，死命按住。康熙又让"娃娃兵"把鳌拜捆绑起来，投入了监狱。这群"娃娃兵"完成了一件大事，尚且蒙在鼓中，还以为是小皇帝爱胡闹，让他们捉鳌拜考较他们的功夫呢。也只有这样，才能守得住秘密。否则，鳌拜的耳目极其众多，只怕要"出师未捷身先死"了！在捉住鳌拜之后，康熙立即宣布了他的十三大罪状，并组织人审判鳌拜，把鳌拜集团的首恶分子也一网打尽。不久，鳌拜死于狱中。此后，康熙又为受鳌拜迫害和打击的人平反昭雪，放还了被鳌拜霸占的民田，又限制了奴仆制度，改革了政府机构。康熙也从此集中了权力，树立了威信。

天下没有免费的午餐，任何获取都具有成本，都需要付出代价。

从前，有一个人家里老鼠成灾，主人就找了一只猫回来捕鼠。这只猫很会捕鼠，但是也咬鸡。一段时间后，主人家的老鼠没有了，同时鸡也几乎被咬死了。于是，儿子对父亲说："我们为什么还要留着一只专爱咬鸡的猫在家呢？"父亲告诉儿子说："这里面有这样一个道理，老鼠不但偷吃我们的粮食，而且还咬坏我们的衣服，如此横行下去，我们岂不要挨饿受冻了吗？没有了鸡，我们只是暂时吃不上鸡罢了，但是比较一下，这和挨饿受冻又差着一大截呢，我们为什么要赶走猫呢？"

要想得到不挨饿受冻的日子，就必须养猫舍鸡。付出代价才能有回报，这就是要想取之，必先予之。可是，世人常常只想取之，不想予之，贪得无厌，最后的结果是失去更多。舍是得的前提，敢大舍的人才能大得。

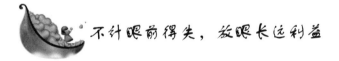

不计眼前得失，放眼长远利益

看淡眼前得失，作长线投资，对商人而言非常重要。往往一些成功人士都是在"远"字上下工夫，不计眼前得失，放眼长远利益，从而赚取成功。

一位对李嘉诚颇为熟悉的分析家说："李嘉诚是一个高瞻远瞩的成功商人，会对行业未来发展定出一个长期的策略和计划。"

李嘉诚投资，敢在"远"字上下工夫，他不像某些投机家那样一味追求近期回报，他宁可作长线投资，在漫长的等待中获取丰厚的回报。但这并不是说，他的每次决策都正确，他的每次投资都能大获其利。实际上，他也会遭受失败，有时甚至会败得很惨。他的成功之处在于，看淡眼前得失，失败后再试一次，争取将来更大的收获。

李嘉诚早在 20 世纪 80 年代就认识到了科技的力量，并着手在欧洲、美洲、亚洲和非洲建立自己的"通信产业王国"。李嘉诚对欧洲的投资，几乎与投资美洲同步进行。

1986 年，李嘉诚斥资 6 亿港元购入英国皮尔逊公司近 9% 的股权。该公司拥有世界著名的《金融时报》等产业，并在伦敦、巴黎、纽约的拉扎德投资银行拥有股权。1987 年，李嘉诚又以闪电般的速度投资 3.72 亿美元，买入英国电报无线电公司 5% 的股权。1989 年，李嘉诚、马世民成功收购了英国 Quadi·ant 公司的蜂窝式移动电话业务，使其成为和黄（香港和记黄埔有限公司）拓展欧美电讯市场的一个前沿据点。

当然，对李嘉诚来说，上述投资只是"投石问路"式的小打小闹，其目的是为大举挺进欧洲探路。

1989 年，李嘉诚领导的和黄正式在欧洲进行大手笔投资，用巨资收购了一家英国的电讯公司，在英国推出的电讯服务，取名为"兔子"，开始冲击英国的电讯市场。可惜，"兔子"公司的电讯服务技术相对滞后，只能打出却不能打入，比同一时期同类业务的服务技术逊色许多，所以不能吸引更多客户的兴趣。结果，"兔子"在市场竞争中屡战屡败，长期处于亏损状态。这项收购的失败，使和黄背下了巨额债务。

但是，李嘉诚并没有因为这次失败而在投资欧洲电信的道路上止步。1994 年，他领导的和黄集团又将英国的电讯业务重新包装，改名为"橙子"，推出移动电话服务业务。这一次李氏财团的总投资是 84 亿港元。这项业务起初也不被业界看好，但出人意料的是，它渐渐被消费者接受、喜欢，手提电话的销售也很不错。

1996 年 4 月，李嘉诚重组在英业务，将"橙子"公司在英国上市，上市当日即成为金融时报指数成分股，从而打破了最短日期成为成分股的纪录，同时也为和黄带来 41 亿港元的特殊盈利，并收回了"橙子"的全部投资，尽管股份还未开始盈利，但股价却比上市时提高了六倍多，其市值也由当时的 200 多亿港元增至 2000 多亿港元。1997 年，"橙子"英国客户突破 100 万，成为英国第三大移动电话商。

1999 年，德国最大的移动电话公司曼内斯曼通讯公司向和黄提出收购"橙子"。这项收购涉资 1130 亿港元，以现金、票据及曼内斯曼公司的股票支付。为了完成这桩交易，李嘉诚亲自指挥和黄，与曼内斯曼公司进行了一周时间的紧张谈判。一周时间虽不长，但也令素有"超人"之称的李嘉诚大大紧张了一番。为了随时获得最新消息，李嘉诚临睡前特意把手提电话铃声调高，把电话放在自己枕边，以免延误战机。

经过紧张磋商，6 天之后，双方最后达成收购协议。和黄向德国曼内斯曼电讯公司出售 44.3% 的"橙子"股份，套现 53 亿港元，加上并购交易所得的 220 亿港元现金、220 亿港元票据以及 650 亿港元的曼内斯曼公司的股票，和黄在"橙子"公司的回报已超过当初投资的 102 倍以上，真可谓大获全胜。

这是一项被舆论称之为"有关各方皆蒙其利"的巨额交易。交易完成后，曼内斯曼电讯公司成为市值高达 7000 亿港元的欧洲最大跨国电讯巨人，远远领先于第二名的意大利电讯。更重要的是，该集团电讯业务有了更为远大的发展前景。对和黄股东而言，除了 220 亿港元现金及为期三年的 220 亿港元票据的进账之外，还获得曼内斯曼电讯公司 10% 的股权，成为该公司最大的单一股东，同时也成为欧洲最大的电讯经营商。

和黄财务顾问指出，这项交易是全球有史以来第 22 大合并收购案，香港舆论则称其为香港公司前所未有的国际并购交易。

当有关收购的消息一传出去，长实系的股价就闻风而动了：和黄当日股价升幅达 9%，长江实业的股价飙升 10% 以上。

"卖橙"成功了，它是和黄历史上最重要的一笔交易，创造了一个股市奇迹。它引起了海内外市场的特大轰动，同时也引来无数人的极度羡慕。大家都想知道和黄集团主席李嘉诚"卖橙"成功的秘诀在哪里。在记者招待会上，李嘉诚一语道破天机："电讯业务是未来集团的发展重点，我已知道五年后和黄要做什么。"

*133*

是啊，他以超凡的战略眼光，经营一项极具升值空间的业务，获利是必然的，绝没有一丝侥幸的成分。仅仅用了几年时间，和黄集团便从"橙子"公司取得惊人的回报。这种前瞻未来的能力，使得李嘉诚的"超人"名号被叫得更响亮了。

错过了花，你将收获果实；错过了太阳，你会看到璀璨的星光。追求与放弃都是正常的生活态度，有所追求就应有所放弃。有价值的人生，需要开拓进取、成就事业，但更要懂得正确和必要的放弃。

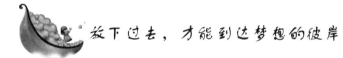

## 放下过去，才能到达梦想的彼岸

我们不是神人，没有未卜先知的能力，谁也不能预知未来，谁也不知道自己的明天会是什么样的。前面的路是黑的，只能自己摸索着走过去，走过去才知道前方是什么，所以会跌倒，会摔得头破血流，这都是意料之中的事，没必要为此悔恨连连，也没必要伤心难过。人生并不会只跌倒一次，在无数次的跌倒中，只有"放下"所有的痛苦，然后爬起来，从头再来，再跌倒，再重来……才能到达梦想的彼岸。

其实，重新开始并不可怕，重新开始是一种对生活的反思和顿悟，是对未来的摸索和感知，真正可怕的是无法"放下"不能"开始"的人生。

人生就是不断重新开始的过程。新的抉择，新的开始，会带来一片新的天地。今天是一个结束，又是一个开始。无论昨天是鲜花掌声，还是一败涂地，今天都可以重新开始。即使昨天失败了，也没有关系，就让它在记忆中消失吧，在哪里跌倒就在哪里爬起来，继续新的征程。就算昨天被成功包围，今天也依旧要重新开始，在成功的基础上加倍努力，争取更高远的成就。

每当我们处在低谷的时候，我们都应该告诫自己：振作精神，重新开始。

生活就是这样，不停地反反复复，不断努力，无论昨天、前天

发生了怎样的失意与挫败，今天都要让自己满怀希望、信心百倍地重新开始所热爱的生活，不在失意中徘徊踌躇，不在挫败的阴影下悲观失望，努力进取，完善自己的幸福人生。

人生的道路不可能总是鸟语花香，在过去的生活中，我们有过成功，也有过失败；有过欣喜，也有过悲伤；遭受过狂风暴雨的肆虐，也接受过清风日丽的沐浴。但无论是经历过失败、痛苦，还是遭受过暴风雨的摧残，所有的这些，在经过我们心灵沉淀以后都会变成宝贵的财富。有了这笔财富，人生随时都可以重新开始。

一天，一个农民的驴子掉到了枯井里。那可怜的驴子在井里凄惨地叫了好几个钟头，农民在井口急得团团转，就是没办法把它救起来。最后，他断然认定：驴子已经老了，这口枯井也该填起来了，不值得他花这么大的精力去救驴子。

农民把所有的邻居都请来帮他填井。大家抓起铁锹，开始往井里填土。

驴子很快就意识到发生了什么事，起初，它只是在井里恐慌地号叫。不一会儿，令大家都很不解的是，它居然安静下来。几锹土过后，农民终于忍不住朝井下看，眼前的情景让他惊呆了。

每一铲砸到驴子背上的土，它都作了出人意料的处理：迅速地抖落下来，然后狠狠地用脚踩紧。

就这样，没过多久，驴子竟把自己升到了井口。它纵身跳了出来，快步跑开了。驴子成功地解救了自己，令在场的每一个人都惊诧不已。

其实，生活也是如此。各种各样的困难和挫折如尘土倾盆而下，纷纷落到我们的头上，要想不被掩埋在这苦难的枯井中，走向人生的成功与辉煌，办法只有一个，那就是：将它们统统都"放下"，抖落在地，重重地踩在脚下，然后抬起头重新开始，迎接下一个挑战。因为，生活中我们遇到的每一个困难，每一次失败，其实都是人生历程中不可或缺的，唯有将其统统"放下"，才能变成直达目的的垫脚石。失败不过是一次又一次通向成功的必经之路，只要不妥协、不畏缩，有一种"大不了从头再来"的气势，那么这每一次的"从头再来"都是一个重生的机会，这无数个"从头再来"产生了无数个"重生的机会"，你就一定能像这个驴子一样，一点点把自己升到"井口"，实现最后的理想。

重新开始我们的人生，生命就不再渺茫。在不断重新开始的征途中取得宝贵的经验财富，从此我们在以后的前进道路上就会轻车熟路，不走弯路。重新开始我们的人生，不是妥协，而是一种不断地探索，是为了更精准地把握好以后的道路，不再让失败和痛苦降临，不再让良好的机会从我们手边悄然溜走。

在某些境遇下，我们无能为力，我们别无选择，我们只能面对现实。也许曾经的选择是错误的，让我们错失了诸多美好的机会，错失了锦绣前程。可是，不正因为如此，才使得我们在这没有鲜花的旅途中，欣赏到了沙漠的荒芜吗？当我们看到人生的别样景致，品尝到人间的另一番滋味时，我们的生命才有了更多的体验，才有了追寻幸福的激情，才有了"重新开始"的冲动，我们的心灵也开始变得丰满而充实。

人跌倒了，自然是很疼的，趴在地上可以哭，但老趴在地上显得太狼狈，所以我们可以站起来接着哭，来发泄自己痛苦的情绪。但不管怎样，我们已经站起来了，而不是趴在那儿再也起不来。当疼痛过去后，我们算是过来人了，知道了什么叫苦，什么叫乐，而后变得更成熟，更勇敢！

人生不过就是无数次的从头再来。人生有一万种可能，谁也不知道自己的下一种可能是什么，但如果你死守着一种可能不放的话，那么你永远也不会感受到下一种可能带给你的幸福感。不必计较我们曾经跌倒过多少次，昨天的一切，辉煌或暗淡，成功或失败，都是过去时。忘记过去吧，让我们满怀对未来的憧憬，跌倒了再爬起来，在收获财富的同时也成就我们人生的精彩！

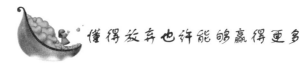

懂得放弃也许能够赢得更多

爱迪生说过："没有放弃就没有选择，没有选择就没有发展。"

古时候，一个老人背着一个砂锅前行，结果走了一会儿，绑砂锅的绳子忽然断了，砂锅也掉到地上摔碎了，可是老人却仿佛什么事都没有发生过，依旧头也不回地继续前行。好心的路人喊住老人："老人家，你不知道你的砂锅碎了吗？"

老人回答："知道啊。"

路人奇怪："那你为什么不回头看看？"

老人说："既然已经碎了，回头看一看又有什么用？"说罢继续赶路。

这个老人说的和做的显然极有哲理。的确，既然砂锅已经摔碎了，回头看看又有什么用呢？失败是无法挽回的，即使惋惜悔恨也于事无补。与其在后悔中挣扎，浪费时间，还不如重新来过，重新找到一个目标，再一次发奋努力。论成败人生豪迈，大不了从头再来！让我们学会放弃吧！像那个老人一样。不要因为砂锅的碎裂而作无谓的自责和叹息。当我们真正学会放弃时，会发现那才是一种心理意义上的超越，是一种真正的战胜自我的强者姿态。

今天的放弃，是为了明天的获得。舍不得家庭的温暖，就会阻挡你启程的脚步；舍不得放弃鲜花，很可能就耽误了你美好的青春。

此外，在人生的旅途上，我们还要学会珍惜，珍惜自己在学业、事业上所取得的哪怕是微乎其微的成绩和荣誉，因为任何微小的成绩和荣誉都来之不易，你都曾为之付出过艰辛。"聚海成洋"、"水滴石穿"都含有"积少成多"这样一个简单、朴素的常识。我们在前进过程中的每一个进步，都是可贵的。珍惜这些进步，就是珍惜自己的劳动，就是珍惜自己生命的进程。

然而，只学会珍惜是远远不够的，还要学会放弃。这个"放弃"不是通常所说的"丢掉"，它在这里有一个特定的含义：随时提醒自己不要过于迷恋已经取得的成绩和荣誉，因这些小小的成绩沾沾自喜而耽误了向前赶路，去摘取更为辉煌的人生成果。俗话说"山外有山，人外有人"，就是告诫人们不要骄傲，不要自满，不要停止继续进步。

人生并非只有一处风景如画，别处风景也许更加迷人。当我们失意的时候，你不妨好好地品味这句话所包含的哲理。翻开成功人

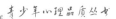

士的历史，就会发现可以借鉴的例子到处都是。

有记者问中国台湾地区著名作家刘墉："您曾经是中国台湾某电视台的节目主持人，可是为什么在事业到达顶峰时，您却毅然选择了离职，到美国去做美术教员呢？这在一般人看来，是很难理解也很难做到的，请问您当时是基于何种考虑？"

刘墉回答道："其实道理很简单，就好比一个人爬山，他历尽千辛万苦到达顶峰时，就不能再往上爬了，此时他唯一的选择只有下山。一方面来说，他要开始走下坡路；而另一方面，他可以下这座山，去爬另一座更高的山。不管是哪个方面，首先要做的都是从现在的山上下来。我的选择就是想多登几座山，从不同的高度看看风景。"又有人问："据说您上大学的时候，曾经主动向老师申请不上英语课。可谁都知道，英语在现代社会是必不可少的，您当时是否考虑过这样的申请会影响到您的大学成绩？"

刘墉回答："英文确实非常重要，必不可少。但是大学一年级是多么好的年龄阶段，我有很多别的事情要做，比如说我要画画，要练习演讲，要参加校外活动，要搞写作，要交女朋友……哪有那么多精力？只能在有限的时间里努力，去尽量，去珍惜这宝贵的四个年头。还好，我的努力没有白费，我在演讲比赛中拿到了第一，这为后来成为主持人的我打下了口才基础；我画画打下了扎实的基本功，这为后来成为美术教员的我挣得了饭碗；我频繁地参加校外活动，这为之后成为记者、编辑进而创办出版社的我打下了实践社会的基础；我经常在报纸上发表诗作和散文，造就了后来成为作家的我；最重要的是，在那个时候，我认识了我未来的妻子……是的，我放弃了一门课程，却赢得了生活和事业方面的种种资源。当然，我没有完全放弃英文，在毕业前近一年的时间里，我重新拿起了英文开始学习，当时旧的单词还没有忘光，所以学起来很有新鲜感，头脑的记忆力也没有退化，后来考试顺利通过。四年下来，我什么都没有耽误。道理很简单，我认为人一旦到了上大学的年龄，就应该开始规划自己的人生。"

有的人坚持着"矢志不渝"的思想，守着最初的道路不放。如果你坚信这条路是正确的，可以去坚持，但如果从实际出发认为有偏颇，就应当毫不犹豫地退回来，另走别的路。

一件事情未成功，不要因此轻视自己的能力，许多人之所以最后没有成功，多半是因为小看自己，或者是方向不对。其实，每个人都有很大的发展领域，这时你应当重新审视自己是否应当改弦更张。

固守一处，看不到希望，会使你失去发展的机会，失掉可能的成功。何不勇敢地尝试改变，去另辟蹊径呢？

## 拥有一颗平常心，不计较得失

在人生的漫长岁月中，每个人都会面临无数次的选择，这些选择可能会使我们的生活充满无尽的烦恼和难题，使我们不断地失去一些我们不想失去的东西，但同样是这些选择却又让我们在不断地获得，我们失去的，也许永远无法补偿，但是我们得到的却是别人无法体会到的、独特的人生。因此，面对得与失、顺与逆、成与败、荣与辱，要坦然待之，凡事重要的是过程，对结果要顺其自然，不必斤斤计较、耿耿于怀，否则只会让自己活得很累。

红顶商人胡雪岩破产时，家人为财去楼空而叹惜，他却说："我胡雪岩本无财可破，当初我不过是一个月俸四两银子的伙计，眼下光景没什么不好。以前种种，譬如昨日死；以后种种，譬如今日生吧。"胡雪岩的这种得失心智当数"糊涂之极"，然而，失去的已经不再拥有，再去计较又有何用？所以，还是糊涂一点为好。

人生的许多烦恼都源于得与失的矛盾。如果单纯就事论事来讲，得就是得到，失就是失去，两者泾渭分明，水火不容。但是，从人的生活整体而言，得与失又是相互联系、密不可分的，甚至在一定程度上，我们可以将其视为同一件事情。我们何不认真想一想，在生活中有什么事情纯粹是利，有什么东西全是弊？显然没有。所以，智者都晓得，天下之事，有得必有失，有失必有得。

杰克逊是一个不错的画家，也是一个快乐的人。他画快乐的世

139

界，不过他的画很少有人买，虽然这难免让他有些伤感，但是这种伤感持续不了多长时间。

他的朋友劝他玩玩足球彩票，说如果运气好的话，只花两美元就可以赢很多钱。于是杰克逊花两美元买了一张彩票，并真的中了彩，他中了 500 万美元。

杰克逊用这些钱买了一幢别墅并对它进行一番装饰，添置了阿富汗地毯、维也纳柜橱、佛罗伦萨小桌、迈森瓷器，还有古老的威尼斯吊灯。

杰克逊很满足地坐下来，他点燃一支香烟，静静地享受着他的幸福。突然他感到很孤单，便想去看看朋友。他还像原来住在那个石头画室里一样把烟蒂往地上一扔就出去了。

一个小时后，别墅变成火的海洋，它被完全烧毁了。

朋友们很快知道了这个消息，他们都来安慰杰克逊。"杰克逊，真是不幸啊！"

"怎么不幸啊？不过是损失了两美元。"杰克逊轻描淡写地说。

得与失就像小舟的两支桨、马车的两只轮子，得失只在一瞬间。失去春天的葱绿，却能够得到丰硕的金秋；失去青春岁月，却能使我们走向成熟的人生。

一位成功人士对得失有较深的认识，他说："得和失是相辅相成的，任何事情都会有正反两个方面，也就是说凡事都在得和失之间同时存在，在你认为得到的同时，其实在另外一方面可能会有一些东西失去，而在失去的同时也可能会有一些你意想不到的收获。"

终南山翠华池边的苍松，黄帝陵下的汉武帝手植柏树，这些树木中的祖宗，旱天雷摧折过它们的骨干，三九冰冻裂过它们的树皮，甚至它们还挨过野樵顽童的斧凿和毛虫鸟雀的啮啄，然而它们全然无言地忍受了，它们默默地自我修复，自我完善。到头来，这风霜雨雪，这刀斧虫雀，统统化作了其根下营养自身的泥土和涵育情操的"胎盘"。这是何等的气度和胸襟！相形之下，那些不惜以自己的尊严和人格与金钱地位、功名利禄作交换，最终腰缠万贯、飞黄腾达的小人的蝇营狗苟算得了什么？且让他暂时得逞又能怎样？

英国的伟大诗人弥尔顿，最杰出的诗作是在双目失明后完成的；

德国的伟大音乐家贝多芬，最杰出的乐章是在他的听力丧失以后创作的；世界级小提琴家帕格尼尼是个用苦难的琴弦把天才演奏到极致的奇人。他们被称为世界文艺史上的"三大怪杰"，居然是一个是瞎子，一个是聋子，一个是哑巴！他们之所以有那样的成就，正是因为他们有一颗平常心，不计较得与失。

 最大的幸福莫过于拿得起，放得下

　　"人世间最大的幸福莫过于拿得起、放得下，人生最大的痛苦莫过于拿得起而放不下。"人生最大的苦恼不是没有选择，而是选择太多。关键时刻，是勇敢向前还是明智地撤退，是执著地拿起还是潇洒地放下，确实需要慎之又慎地考虑。不管哪种选择，都可能影响一生的成败。"拿得起，放得下"，才是为人处世的不二法则。

　　战场上没有常胜将军，同样商场也不会有常胜不败的"不倒翁"。生意场上，没有人能够向世人宣称自己可以立于不败之地，也没有一个人能够真正地做到永远立于不败之地，一般来讲，做生意，成功的机会总是相对的，而失败的可能却是绝对的。没有生意人会愿意自己的生意发生意外，但没有一个生意人会遇不到意外事件。

　　因此，任何一个征战商界的人，都要有输的心理准备，都要有赢得起也输得起的心理素质。也就是说，在输赢面前既要拿得起，更要放得下。因为只是赢得起并不能够算是真正的好汉，只有输得起，而且输得洒脱，输得大气，输了后从头再来，才是真正的好汉。胡雪岩就是商界中这样一位"拿得起，放得下"的好汉。

　　韩愈在《听颖师弹琴》中说过："攀高到一定程度，一分一寸也上不去，一旦失去势力，一落地则不止千丈。"胡雪岩终因左宗棠在官场中势力的衰退，无力相保而最终导致在官场的倾轧中回天无术，一败涂地。胡雪岩几十年所有的卓越辉煌，所有的荣华富贵，都在一夜之间化为过眼烟云，随风飘散。想想真如南柯一梦。

　　面对危机，胡雪岩也的确称得上是一条能够输得起的好汉。他

第七章　输赢得失：赢何喜？输又何忧

141

在仔细考虑了全局后，认为人生做事，必然就会有输有赢，胜败乃兵家常事。关键是心理上不能输，也就是说"既要赢得起，更要输得起"。胡雪岩当时十分沉静，他说："我是一双空手起来的，到头来仍旧一双空手，不输啥！不但不输，吃过、用过、阔过，都是赚头。只要我不死，你看我照样一双空手再翻过来。"正是因为有如此心胸和气魄，胡雪岩虽然输了，但输得很洒脱，很漂亮，很令人佩服。

胡雪岩即使濒临破产也没有为自己匿产私藏。这不仅输得大气，而且输得光明磊落。事实上，在当时胡雪岩完全有条件为自己私匿一些钱财的。想想胡雪岩驰骋商场几十年，创下偌大一个家业，富可敌国。仅胡雪岩的 23 家典当的资产就值二百多万。"百足之虫，死而不僵"。不用说现银，就是家中收藏的首饰细软，收集一部分，也可以让他在生意倒闭之后维持一个相当阔绰的生活。在钱庄、丝行全面倒闭之后，由于有左宗棠在官场中的转圜斡旋，胡雪岩只是被革去二品顶戴，责成清理，并没有最后查抄家产，他完全有条件转移财产。但他都没做，而是认为这"一切都是命"。他输得大气，这不能不让人钦佩。

胡雪岩在危急关头、自身难保的状况下，仍然怀有宽以待人的胸襟。虽然自己身处绝境，依然为别人着想。用他自己的话说："一想到这一层，肩膀上就像有千斤重担，压得喘不过气来。"胡雪岩真正践行了自己"不能不为别人着想"的做人原则。

胡雪岩作为一个旧时的商人，一个自称只知道"铜钱眼儿里翻跟头"的主儿，能够在自己的一生心血彻底输光的时候，如此洒脱地"认"了，实在是难能可贵。

一个生意人要输得起，最重要的是应该对于"钱财身外物"这句老话有一种深刻的理解和认识。"钱财身外物，生不带来，死不带去"，这几句话人人都会说，人人都十分理解。然而，当人真正地面对钱财利益得失时，能够做到真正洒脱地将钱财看成是身外之物，又谈何容易！即使胡雪岩，如此洒脱的一个人，也坦然承认自己的所谓看得开也是一个自己骗自己的话。这很容易理解。常人切于己身的苦与乐，多数时候都与这身外之物有关，哪能就那么容易"忍痛割爱”，放弃有可能得到的钱财利益，而轻飘飘地将它视之如粪土！譬如所有的人都知道人是一定要死的，但我们却总在渴望长生，并“凡可以久生而缓死者无不用”。说是一回事，明白道理是一回事，但真正面对现实时怎样去做，则往往又是另外一回事。

可是我们对“钱财”这身外之物，确实又需要有一个合于人情事理的正确态度。说白了，也就是人以驭物而不可为物所驭。钱财毕竟还是生不带来死不带去的身外之物。就人生来说，也毕竟还有许许多多的比钱财更重要的东西，比如人的健康和生命，世界上很少有人会甘心情愿地用自己的生命去换取金钱。

生意人与钱财有着不可分割的内在联系，所以生意人更应该懂得，做生意的乐趣应该是超脱于钱财之上的。在利益得失、成功失败面前，应有一颗平常心，既要拿得起，也要放得下。

第七章 输赢得失：赢何喜？输又何忧

143

# 第八章　坚定信念：方能赢在今天、赢在未来

　　在这个世界上，信念这东西任何人都可以免费获得。积累了庞大财富和达到目标的人，最初往往都是从一个小小的信念开始的——信念是所有奇迹的出发点。

 ## 信念是取之不尽的力量源泉

在这个世界上，信念这东西任何人都可以免费获得。积累了庞大财富和达到目标的人，最初往往都是从一个小小的信念开始的——信念是所有奇迹的出发点。罗杰·罗尔斯在他就任纽约州州长的就职演说中有这么一段话："信念值多少钱？信念是不值钱的。它有时是一个善意的欺骗，然而你一直坚持下去，它就会迅速升值。"

在菲律宾西部海岸，每年的秋天都能看到这样一个壮观的场面：海面上黑压压地飞来一片云，近看才知是南迁的燕子。它们欢快地鸣叫着，慢慢靠近海岸，但是人们惊奇地看到，一旦到了海岸和沙滩，许多燕子都飞不起来了，永远地闭上了眼睛。它们没有死于皑皑雪峰，没有死于茫茫大海，没有死于暴风骤雨，却死于目的地那细软的沙滩上。

人类也有类似的现象。古希腊人在马拉松镇击败了入侵的波斯军队，希腊士兵斐迪辟兴奋地从马拉松镇跑到雅典，全程42.195千米。他没有在中途倒下，却在捷报后立即昏倒在地，再也没有醒来。

为什么会发生这样的悲剧？如果沙滩再远两三千米，许多燕子难道就飞不到吗？如果雅典再远三五十米，难道斐迪辟就坚持不住吗？他们一定能坚持下去，一定会到达目的地。悲剧发生的原因恰恰是因为目的地到达了，支持他们的信念突然消失了，意志瞬间松懈，身体也随之极度衰弱，于是生命之灯熄灭了。

人生路上会遇到种种挫折，只有秉持坚定的信念，才可能迈向成功，因为坚定的信念会带给人一种不可思议的力量，帮助人们战胜挫折和困难。人的一生中，会遇到许多的苦难和挫折，它们就像天上层层的乌云，铺天盖地压来。如果就表面看来，它们十分强大，势不可挡，但这一切并不可怕，最可怕的是人自身的信念。信念就是决定成败的因素之一。一个人无论从事何种职业，面对何种际遇，只要心头的信念坚定，就一定会有成功的那一天。

种子播种到地里，一般人看到的或许只是这个现象的本身。然而一个农民看到的却不仅仅是这些。他们看到的可能是一片充满生机的绿和金黄色的收获，他们眼中凝聚着对收获的一种信念。正是由于这种信念的鼓舞，他们日复一日，年复一年地在祖先留下的土地上辛勤地劳作。

被誉为当今世界第一名成功导师的安东尼·罗宾指出：我们常把信念看成是一些信条，但是，从最基本的观点来看，信念是一种指导原则和信仰，它让我们明确人生的意义和方向；信念也是人人可以支取的力量源泉，且取之不尽；它更像一张早已安置好的滤网，过滤我们所看到的世界。

大多数人都知道海伦·凯勒是美国著名女作家、教育家。她是一位又瞎、又聋、又哑的残疾人，完全靠触觉读完大学，成就一生的。她说："我碰到了不可胜数的障碍，跌倒了，我一次次地坚强地爬起来，每前进一步，我的勇气就增加一分。我相信我一定能达到光辉的云端，碧天的深处——我希望的绝顶真理。"

她道出了这样一个真理：人之所以能成名，除了需要付出极大努力和勤奋之外，还必须有坚定的信念。有了这种精神支柱，挫折、困难等一切的艰难险阻才能被踩在脚下。

其实像海伦·凯勒这样靠坚定信念的支撑而最终取得成功的人不在少数。任何一个伟人或英雄，他们之所以最后能走向成功，并非是因为幸运，而恰恰是因为他们有着坚强的信念。不管遇到挫折和失败，他们都坚信自己必将走向成功，实现自己的梦想。法国著名的记者多米尼克·博迪就是靠坚定的信念完成了一本著作。

在博迪年轻的时候，一场疾病使他四肢瘫痪。在全身的器官中，唯一能动的只有左眼。可是，他还是决定把自己在病倒前就构思好的作品完成。

博迪只能通过眨动左眼与助手沟通，逐个字母地向助手背出他的腹稿，然后由助手抄录出来。助手每一次都要按顺序把法语的常用字母读出来，让博迪来选择，当她读到的字母正是文中的字母时，博迪就眨一下眼睛表示正确。由于博迪是靠记忆来判断词语的，有时不一定准确，他们需要查辞典，所以每天只能录一两页。可以想

147

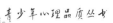

象两个人的工作是多么的艰难。

几个月后，博迪历经艰辛终于完成了这本著作。为了写这本书，他一共眨了 20 多万次眼。这本不平凡的书大约有 150 页，它的名字叫《潜水钟与蝴蝶》。

在这个世界上，很多人之所以没有成功，并不是因为他们缺少智慧，而是因为他们面对事情的艰难没有坚定的信念。波德莱尔说过："没有一件工作是旷日持久的，除了那件你不敢着手进行的工作。"一只眼睛就可以出一本书，还有什么是不可能的呢？

信念是一个人生命中的一种执著，是一个人灵魂深处的一种不可战胜的力量。这种力量，看似微乎其微，但它确实左右着一个人一生的命运。一个人不相信自己会成功，往往就容易相信自己会失败。而相信自己，对自己的未来充满信心的人，必将一往无前，百折不挠，不取得成功决不会罢休。

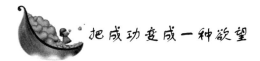

## 把成功变成一种欲望

一个人只要有足够强烈的成功欲望，那他就能克服一切困难，战胜对失败的任何恐惧。

有一个年轻人向苏格拉底请教一个问题："怎样才能获得成功？"苏格拉底就把他带到一条小河边，年轻人觉得很奇怪。结果，更奇怪的事情在后头，苏格拉底"扑通"一下就跳到河里去了。这个年轻人就想："难道大师要教我游泳？"这时，苏格拉底向年轻人招了招手，示意他下来。年轻人也稀里糊涂地跳下了水。

刚一下水，苏格拉底就把他的头摁到了水里，年轻人本能地挣扎出了水面。苏格拉底又一次把他的头摁到了水里，这次用的力气更大。年轻人拼命地挣扎，刚一露出水面，又被苏格拉底死死地摁到水里。这一次，年轻人可顾不了那么多了，死命地挣扎出了水面后，就往岸上跑。跑上岸后，他打着哆嗦对大师说："大、大、大师，你要干什么？"

苏格拉底理也不理这位年轻人就上了岸。当他转身远去的时候，年轻人感觉好像有些事情还没有明白，于是，他就追上去对苏格拉底说："大师，恕我愚昧，刚才你对我做的那个动作我还没悟过来，能否指点一二？"

苏格拉底看那年轻人还挺虚心的，于是对年轻人说了一句很有哲理的话："年轻人，如果你真的要想获得成功，就必须要有强烈的成功欲望，就像你有强烈的求生欲望一样。"

成功起源于强烈的企盼，孕育于痛苦的挣扎，是寻找自我，最终超越自我的一种结果。人要成功，就要有一种始终不渝的奋斗精神。这种奋斗的强弱正取决于你成功的欲望的大小，你必须将欲望之火激发到白炽状态。

一位网络公司总裁因为家里穷，高中没毕业就不得不弃学打工，他的电脑知识全靠自学。打工期间，他买了一台别人淘汰的 286 电脑，订阅了一些电脑方面的报刊，学会了组装电脑，并编写了一些简单的游戏。

一个偶然的机会，他看到某家电脑报上刊登的电脑游戏比赛启事，便把自己写的几个游戏寄去参赛。没想到竟然拿到了一个三等奖，奖品是一台当时较先进的电脑。领奖时，他接触到了国内同行业的几位大腕，大开眼界。

从此，他辞职专攻游戏软件的编写，为国内多家游戏机生产商提供软件，获得不菲的收入。但是这些收入与开发商的利润相比，实在是太微不足道了，他开始考虑要成立自己的企业，并四处寻找合作伙伴。

2000 年，他的一个新软件被投资公司看中，对方给他一千万元让他成立了现在的这家网络公司。如今这家公司年产值已超过 2 亿元，盛大网络等国内顶尖级公司也把关注的目光投向了它。

成功的人都拥有相同的特质，那就是强烈的成功欲望。如果说梦想是迈向成功的方向，那么欲望就是迈向成功的燃料。欲望越强，产生的动能越强，越能克服困难，获得成功。因此，成功要激发强烈的愿望。

美国人约翰·富勒家中有 7 个兄弟姐妹，他从 5 岁开始工作，9

149

岁时会赶骡子。他有一位了不起的母亲，经常和儿子谈到自己的梦想："我们不应该这么穷，不要说贫穷是上帝的旨意。我们很穷，但不能怨天尤人。那是因为你爸爸从未有过改变贫穷的欲望，家中每一个人都胸无大志。"这些话被深深植入富勒的心，他一心想跻身于富人之列，开始努力追求财富。12 年后，富勒接手一家被拍卖的公司，并且还陆续收购了 7 家公司。

其实一个人距离成功的远近取决于这个人是否有强烈的欲望去达成。不再是想成功，而是一定要成功。一个人成功的欲望有多强烈，就能爆发出多大的力量。当一个人有足够强烈的欲望去改变自己命运的时候，所有的困难、挫折、阻挠都会为他让路。欲望有多大，就能克服多大的困难，就能战胜多大的阻挠。一个人完全可以挖掘生命中巨大的能量，激发成功的欲望，因为欲望即力量。

激发成功欲望可以分为三步：了解追求成功的真正动机；转化心中的愿望成为强烈的欲望；不断强化成功的欲望强度，发挥最大的冲劲。

欲望能驱使行动去实现愿望。转化心中的愿望，就是要一而再、再而三地要求自己行动再行动，前进再前进。想象梦想成真的滋味，或是汲取失败的教训，都能强化追求成功的欲望。成功的人之所以奋斗不懈，都是因为有强烈的欲望在背后支持着。因此别人停止时，他还在前进，当别人前进时，他正大步奔跑。

只有不断地激发自己成功的欲望，才能让自己拥有持续不断的动能，才能克服一切困难，才能达到成功的目的地。

有强大成功欲望的人，往往有着很好的心态和习惯，做事情更能实事求是，踏踏实实。有强大成功欲望的人，不会因为有困难而找借口放弃，而会主动去想办法解决问题，因为他们相信自己能战胜一切困难。所以有人说，强大的成功欲望，可以调动人的一切聪明才智。

不怕输才会赢

## 要想成功就必须有恒心

顽强的毅力可以征服世界上任何一座高峰。

有一天，法国著名画家纪雷参加一个宴会，宴会上有个身材矮小的人走到他面前，向他深深一鞠躬，请求他收为徒弟。纪雷朝那人看了一眼，发现他是个缺了两只手臂的残废人，就婉转地拒绝了，并说："我想你画画恐怕不太方便吧！"

可是那个人并不在意，立刻说："不，我虽然没有手，但是还有两只脚。"说着，便请主人拿来纸和笔，坐在地上，用脚指夹着笔画了起来。他虽然是用脚画画儿，但是画得很好，足见是下过一番苦功的。在场的客人，包括纪雷在内，都被他的精神所感动。纪雷很高兴，马上便收他为徒弟。

这个矮个子自从拜纪雷为师之后，更加用心学习，没几年的工夫便名扬天下。他就是有名的无臂画家杜兹纳。

德国诗人席勒说："只有恒心可以使你达到目的。"一个人在确定了奋斗目标以后，若能持之以恒，始终如一地为实现目标而奋斗，目标就可以达到。世上无数的成功者就是明证。

齐白石是中国近代画坛的一代宗师。齐老先生不仅擅长书画，还对篆刻有极高的造诣。但他也并非天生具备这项才能，而是经过了非常刻苦的磨炼和不懈的努力，才把篆刻艺术练就到出神入化的境界。

年轻时候的齐白石就特别喜爱篆刻，但他总是对自己的篆刻技术不满意。他向一位老篆刻艺人虚心求教，老篆刻家对他说："你去挑一担础石回家，要刻了磨，磨了刻，等到这一担石头都变成了泥浆，那时你的印就刻好了。"

于是，齐白石就按照老篆刻师的意思做了。他挑了一担础石来，一边刻，一边磨，一边拿古代篆刻艺术品来对照琢磨，就这样一直夜以继日地刻着。刻了磨平，磨平了再刻。手上不知起了多少个血泡；日复一日，年复一年，础石越来越少，而地上淤积的泥浆却越来越厚。最后，一担础石终于统统都被"化为泥"了。

这坚硬的础石不仅磨砺了齐白石的意志，而且使他的篆刻艺术也在磨炼中不断长进，他刻的印雄健、洗练，独树一帜，达到了炉火纯青的境界。

有人曾问著名的组织学家聂弗梅瓦基："为什么你的一生都花在研究蠕虫的构造上？"聂氏说："你可知道，蠕虫这么长，而人生却这么短。"他这一席话，说出一个深刻的道理：一个人的生命是有限的，而科学研究是永无止境的。所以说要取得任何一项事业的成功，就必须持之以恒，付出毕生心血。恒心就是力量。

为什么只有恒心才能成就一项事业呢？因为人们只有反复实践、观察和探索，并加以总结和归纳，才能发现和认识客观规律。这个过程必得花费几十年乃至一生的时间。即使像蠕虫这样小的东西，它的生理构造也并不简单，聂弗梅瓦基若不花费几十年的心血，是难以获得较完整而准确的研究成果的。可见有恒心是十分重要的。

然而要真正做到有恒心，却并不容易。它需要有以下一些关键因素：

1. 强烈的进取心

居里夫人提炼镭元素，第一次获得诺贝尔奖后，并没有在荣誉和成绩面前沾沾自喜，停步不前，而是把价值几十万美元的镭献给医院。她继续悉心研究放射现象，终于成为迄今为止唯一两次获得诺贝尔奖的女性。

2. 锲而不舍的毅力

要想成功，还要有不怕挫折、锲而不舍地向着成功奋进的勇气。贝多芬成了音乐家后，失去了听觉，但他发誓"要扼住命运的咽喉"，以惊人的毅力顽强创作，被誉为一代"乐圣"。俗话说："书山有路勤为径，学海无涯苦作舟。"任何事业都不可能一帆风顺，只有"锲而不舍"，才能"金石可镂"。

英国作家狄更斯有句话说："顽强的毅力可以征服世界上任何一座高峰。"此言虽属夸张，却很有道理。毅力，就是一个人恒心的体现。一个没有毅力的人，是不能成大器的。古往今来，大凡在事业

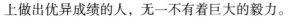

上做出优异成绩的人，无一不有着巨大的毅力。

3. 专心致志的好习惯

所谓"专心"，就是把意识集中在某个特定的欲望上，并一直集中到已经找出实现这项欲望的方法，直到成功地将其付诸实际行动为止。在获取成功的过程中，专心具有十分重要的意义。成功，就来自于在一定时间阶段内的"专一不二"。

有一幅漫画很能说明问题：一个人拿着铁锹已经挖了很多口深浅不同的井，其中几口离地下水已经很接近了，但是他却没能坚持再深挖下去，而是懊丧地自言自语着"这里没水"，又继续到别处寻找挖井地点了。这幅漫画所隐含的道理是，我们要咬紧一处，只要目标正确，坚持下去，总会成功的。

"只要工夫深，铁棒磨成针"。这句古话如今已是家喻户晓。它告诉我们，恒心是事业取得成功的必备条件。要想在事业上取得成功，就得先过恒心一关。恒心靠的是一点一滴的积累，靠的是对自身惰性的克制。在这一漫长的过程中，必然要付出辛酸与汗水。但只要有恒心，一切都不在话下。

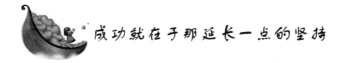

成功就在于那延长一点的坚持

成功不仅要求我们敢想、敢做，更重要的是一定要坚持，直到成功为止。

开学第一天，古希腊大哲学家苏格拉底对学生们说："今天咱们只学一件最简单也是最容易做的事儿。每人把胳膊尽量往前甩，然后再尽量往后甩。"说着，苏格拉底示范做了一遍。"从今天开始，每天做300下。大家能做到吗？"

学生们都笑了。这么简单的事，有什么做不到？过了一个月，苏格拉底问学生们："每天甩手300下，哪些同学坚持了？"90%的同学骄傲地举起了手。又过了一个月，苏格拉底又问。这回，坚持下来的学生只剩下80%。

一年过后，苏格拉底再一次问大家："请告诉我，最简单的甩手运动，还有哪几位同学坚持了？"这时，整个教室里，只有一人举起了手。这个学生就是后来成为古希腊另一位大哲学家的柏拉图。

其实，做成一件事并不难，难的是坚持。做任何一件事情，都要有始有终，坚持把它做完，不要轻易放弃。如果放弃了，你就永远没有成功的可能。如果出现挫折，你要反复地告诉自己：把这件事坚持做下去。

1883年，富有创造精神的工程师约翰·罗布林雄心勃勃地意欲着手建造一座横跨曼哈顿和布鲁克林的桥。然而桥梁专家们却说这计划纯属天方夜谭，不如趁早放弃。罗布林的儿子华盛顿，是一个很有前途的工程师，也确信这座大桥可以建成。父子俩克服了种种困难，在构思着建桥方案的同时也说服了银行家们投资该项目。

然而桥开工仅几个月，施工现场就发生了灾难性的事故。罗布林在事故中不幸身亡，华盛顿的大脑也严重受伤。许多人都以为这项工程会因此泡汤，因为只有罗布林父子才知道如何把这座大桥建成。但是，尽管华盛顿丧失了活动和说话的能力，但他的思维还同以往一样敏锐，他决心坚持要把父子俩花费了很多心血的大桥建成。

一天，他脑中忽然一闪，想出一种用他唯一能动的一个手指和别人交流的方式。他用那只手敲击他妻子的手臂，通过这种密码方式由妻子把他的设计意图传达给那些仍然在建桥的工程师们。整整13年，华盛顿就这样坚持着用一根手指指挥工程，直到雄伟壮观的布鲁克林大桥最终落成。

很多时候，在挫折面前，坚持是最明智的选择。一定要坚持下去，哪怕坚持的道路曲折漫长，只要我们能在心中点燃一盏灯，并告诉自己：不要放弃，不要放弃。彩虹不也是在暴风雨后才能看到的吗？用坚持这种神奇的力量等待暴风雨的结束，不要轻言放弃，否则对不起自己。

有位年轻人曾经立志"要写出一篇可以产生轰动效应的小说来。"当时他的确有一股火热的激情，一口气便写了6万多字，并颇为自信地拿给朋友看。

朋友觉得他的文字水平很高，语言技巧也不错。但故事构架平平淡淡，落入俗套，情节也有些不伦不类，不但不能产生轰动效应，一般的杂志甚至都难以接受。但朋友仍满怀热情鼓励他，希望他打乱现有构架，重新设计故事中的某些细节。他却好似泄了气的皮球一样彻底瘪了，不想重新构思。

后来，他把这篇小说投了两家杂志社均被退回。从此他对写小说不再有强烈的兴趣，自信心也消失了。自从遭遇退稿以后，虽然也有过几次冲动，也开过几篇小说的头，但至今没有结果。再后来他便放弃了文学路。

这位年轻人以他的文学基础及他的创作条件而论，完全有才能在文学创作上取得成就，但可悲的是他缺乏耐性，缺乏坚韧的意志，松懈情绪窒息了他的创造才能。

世界上的事情就是这样，如果不能够坚持把一件事情做下去，就不会等到成功来临的那一天，因为成功需要坚持。裁判员并不以运动员起跑时的速度来判定他的成绩和名次。一个人要想取得冠军，就必须坚持到底，冲刺到最后一瞬间。如果有丝毫的松懈，就会前功尽弃。

一位企业家在一所大学演讲时，一位即将毕业的大学生问："我参加过多次校内创业，可是没有一次成功，最近参加多次校园招聘也没有一次获得签约机会。请问我什么时候能成功，怎样才能成功？"这位企业家没有正面回答，而是讲述了自己登山的经历。

这位企业家登的是海拔8848米高的珠穆朗玛峰。由于登山经验不足，加上高原反应很强烈，没有控制好呼吸，氧气消耗得很快。当他爬到8300米左右的高度时，突然发现有些胸闷，原来氧气已经不多了。

此时，摆在他面前的选择有两个：一是一边向下撤，一边向半山腰的营地求救，生命应该没有危险，但登顶的机会就只能留到下一次了；另一种选择是，先登上顶峰再说。

不肯轻易认输的他选择了后者。当他爬到8400米的位置时，发现路边扔了很多废氧气瓶，他逐个捡起来掂量。在8430米左右的一个路口，他捡到了一个盛有半瓶多氧气的氧气瓶。靠着这半瓶氧气，他登上了顶峰，并安全撤回了营地。

这位企业家用自己登山的经历告诉我们：人的成功之路，就像登山。受挫时，不要轻言失败，更不要轻易放弃。很多时候，只要再坚持多一会儿，成功就在下一个路口等着。

在成功的过程中，坚持的毅力非常重要。面对挫折时，要告诉自己：坚持，再来一次。因为这一次失败已经过去，下次才是成功的开始。人生的过程都是一样的，跌倒了，爬起来。只是成功者跌倒的次数比爬起来的次数要少一次，平庸者跌倒的次数比爬起来的次数多了一次而已。最后一次爬起来的人被称为成功的人，最后一次爬不起来或者不愿爬起来，丧失坚持的毅力的人，就叫失败者。

不怕输才会赢

 **不要把成功想得太复杂**

成功没有想象的那么复杂，不是因为事情难我们才不敢做，而是因为我们不敢做事情才难。

一位韩国学生到剑桥大学主修心理学。在喝下午茶的时候，他常到学校的咖啡厅或茶座听一些成功人士聊天。这些成功人士包括诺贝尔奖获得者，某一些领域的学术权威和一些创造了经济神话的人，这些人幽默风趣，举重若轻，把自己的成功都看得非常自然和顺理成章。时间长了，他发现，在国内时，他被一些成功人士欺骗了。那些人为了让正在创业的人知难而退，普遍把自己的创业艰辛夸大了，也就是说，他们在用自己的成功经历吓唬那些还没有取得成功的人。

作为心理系的学生，他认为很有必要对韩国成功人士的心态加以研究。他把《成功并不像你想象的那么难》作为毕业论文，提交给现代经济心理学的创始人威尔布雷登教授。布雷登教授读后，大为惊喜，他认为这是个新发现，这种现象虽然在东方甚至在世界各地普遍存在，但此前还没有一个人大胆地提出来并加以研究。

后来这本书果然伴随着韩国的经济起飞了。这本书鼓舞了许多人，因为他们从一个新的角度告诉人们成功之所以迟迟不来，问题就在于我们把成功看得太复杂了，把原本简单的事情复杂化了。这也是大多数人与成功无缘的主要原因之一。

其实，成功很简单，有时越简单就越成功，一个简单的想法，一个简单的理念，往往都会将你引向成功。

前苏联火箭专家库佐廖夫为解决火箭上天的推动问题苦恼万分，食不甘味，妻子问明原因后说："这有何难，像吃面包一样，一个不够再加一个，若还不够继续增加。"他一听茅塞顿开，把三节火箭捆绑在一起进行接力推进，终于成功地解决了火箭上天的推力问题。在这里，成功就是想到了一个简单的数学加法。

有一个经营精密制造的大公司，拥有世界著名企业构成的客户群。不料，在一段时间里，公司出现了较严重的产品质量问题。客户纷纷退货，并按程序发出禁止供货通知书。对此，公司内部意见纷纭，人心惶惶，公司处于极度紧张之中。面对此情境，总经理及时采取了一个简单又坚决的做法——调换制造部经理，全力改善制订方案。结果，在很短的时间里，质量问题得以解决，客户又高兴地发来新的订单。他成功地解决了这个看似复杂而令人头痛的问题。

美国有一家牙膏公司，产品优良，包装精美，深受广大消费者的喜爱，营业额蒸蒸日上。记录显示，前10年每年的营业额增长率为26%，这令董事部雀跃万分。不过，业绩进入第12年、第13年及第14年时，则停滞下来，每个月维持同样的数字。董事部对此3年业绩表现感到不满，便召开全公司经理级高层会议，以商讨对策。

会议中，有个年轻的经理站起来对董事长说："我手中有张纸，纸里写有一个建议，若你要使用我的建议，必须另外付我5万元。"董事长听了很生气说："我每个月都支付你薪水，另有分红、奖励，现在叫你来开会讨论，你还要另外5万元，是不是太过分了？""董事长先生，请别误会。若我的建议行不通，你可以将它丢弃，一分钱也不必付。"青年经理解释说。"好。"董事长接过那张纸后，读完，马上签了一张5万元的支票给了那位年轻的经理。

那张纸上只写了一句话：将现有的牙膏开口扩大1毫米。

董事长马上下令更换新的包装。试想，每天早上，每个消费者多用1毫米牙膏，每天牙膏销量将多出多少倍呢？这个决定使该公

157

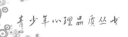

司第十五年的营业额增加了 32% 。

如果你想获得成功，请记住：不要把成功想得太复杂。

做事应力求简单，繁杂会让我们陷入不能自拔的境地。繁杂一方面来自于我们旧的习惯、旧的规则、旧的礼仪，也有一些来自于我们对知识、技能的卖弄。把简单的事情复杂化是很容易的，多余的装饰、多余的想法、多余的语言都会把一件简单的事情复杂化。但从客观的角度来看，一个人成功的时候，他主要是以简单和大气示人的；落魄之时，无论是从服饰打扮，还是语言，表现出来的都是繁杂和多余。能把简单作为自己的世界观，用以指导自己的思想，是走向成功的一个要素。你会在简单中获得成功。

满怀希望地活着

无论处境多么艰难，只要活在希望中，就会看到光明。

圣诞节前夕，英国伦敦的街头，一个饥寒交迫的流浪汉在沿街乞讨。他已经差不多两天没有吃东西了。雪还在下，他站在一家商店的橱窗前，看着灯光，想象着里面的温暖。但这温暖不属于他，反而让他更加寒冷。

终于，上帝和他开了一个玩笑。他在马路上捡到了一个英镑，他简直不相信自己的眼睛，但那确实是一个英镑。可以让他吃好几顿饱饭，或者买好几件保暖的衣服，撑过这个该死的冬天。在那一瞬间，他突然想到了很多很多，有些想法连他自己都觉得可怕。

他不甘心做一个乞丐，也许这一英镑就是机会，就可以改变一生。一个英镑让他重新燃起了对幸福生活的憧憬，现在这种希望正渐渐温暖着他，支撑着他，他甚至不觉得饥饿和寒冷，人也精神了，这一切都因为有了希望。经过深思熟虑，最后他决定要用这一块英镑去做鞋带生意，因为他发现马路上很多行人的鞋带经常会脱落，大冷的天去鞋匠那买又很不方便。

他留了一点钱饱餐了一顿，剩下的钱全部买了鞋带。他每天都

沿街叫卖鞋带，生意出奇的好，赚的钱也越来越多，他再也不用沿街乞讨了。

人要抱着希望才能活得好。希望不是消极地期待，而是积极主动地创造。希望即是生命和生活的本身，而不是贪婪。因此抱着希望的人，总是心怀具体的目标和理想，而非虚幻的空想。他们不断孕育新的生活，心智不断成长，因此生命也是蓬勃向上的。如果一个人心中不存希望，生命也就会休止。

只要我们心中存有希望，有一颗希望的种子，那么就一定会创造出奇迹。同时，我们要时刻提醒自己，希望只是希望，只有用辛勤的汗水去浇灌它，才能盛开希望之花，得到希望之果。

多年以前，美国曾有一家报纸刊登了一则园艺所重金征求纯白色金盏花的启事，在当地轰动一时。高额奖金让许多人趋之若鹜。在千姿百态的自然界中，金盏花除了金色的就是棕色的，能培植出白色的，不是一件易事。所以许多人一阵热血沸腾之后，就把那则启事抛到九霄云外去了。

一晃 20 年过去了，一天，那个园艺所意外地收到了一封热情的应征信与一粒纯白金盏花种子。当天，这件事便不胫而走，引起了轩然大波。

原来，寄种子的老人是一位地地道道的爱花人。20 年前，当她看到那则启事后，便义无反顾地干了下去。她撒下种子，从收获的花中选出颜色最淡的，取其种子，然后种下，再从花中选出颜色最淡的栽种……终于在 20 年后，她栽培出了一朵如雪般洁白的金盏花。这就是一个奇迹。

当年那么普通的一粒种子，也许谁的手都曾捧过。只是少了一份对希望之花的坚持与热情，少了一份以心为圃，以血为泉的培植和浇灌，才使得的生命错过了一次最美丽的花期。把希望种在心里，即使一粒最普通的种子，也能长出奇迹。

很多人抱怨生活中缺少或没有光明，这是因为缺少或没有希望的缘故。人如果没有了希望，就会感到绝望。每个人都有绝望的时候，但是在绝望的时候不要放弃努力，因为绝望的隔壁往往就是希望。

159

在一次战争中，一位将军被敌人俘虏了，他被关在一间单人囚室里。那段时间阴雨绵绵，望着迷蒙的天空，他不禁想起远方的亲人，勾起缕缕乡愁。可是眼下身陷囹圄，一筹莫展。他不知敌人将如何处置他，也不知此生还有没有机会见到远在故国的妻儿。想着想着，他被一种绝望的情绪控制了。与其这样含垢忍辱地活着，还不如在墙上一头撞死痛快。

他拼足了所有的力气，一头向牢墙撞去。就在他的头和墙碰撞的那一刹那，奇迹出现了，牢墙被他撞出了一个洞，原来连日来的阴雨把牢墙泡软了，软得经不起他这么一撞。将军用手在这个洞周围使劲地挖，最后把这个洞挖成一个大洞。结果可想而知，通过这个洞，这位绝望的将军顺利逃脱了。

就像蘑菇都喜欢与潮湿为邻一样，希望也偏爱和绝望为伴。所以，假如绝望光顾了你，不要心存恐惧，不要心存忧虑，最好是把它当成你的邻居一样善待它。要知道，黑夜的邻居是白昼，绝望的隔壁就是希望。

希望就是落水的人见到的一根浮木；希望，也是胆小怕走夜路的女子紧紧握住的那只温暖的大手；希望，甚至可以是卖火柴的小姑娘梦中的美味佳肴。人这一辈子，无论生活在何种状态下，无论活得潇洒还是落魄，富贵还是贫穷，都应该有自己的希望，不论这希望有多么的微小，或者多么遥远。

人生不能没有希望，所有的人都应当且必需生活在希望当中。假如真的有人是生活在无望当中的，那么他只能是人生的失败者。人生难免遇到失败和挫折，有些人在失败面前会变得悲观绝望，或在严酷的现实面前，失掉了活下去的勇气。其实，无论身处怎样的逆境，只要你能满怀希望，你都能找到一条出路。

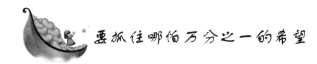

要抓住哪怕万分之一的希望

160

希望是支撑我们不断前进的力量，我们要学会用微笑来放大每

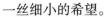

一丝细小的希望。

一位叫林德曼的精神病学专家曾独自一人架着一叶小舟驶进了波涛汹涌的大西洋。他在进行一项心理学试验，准备付出的代价是自己的生命。

林德曼博士认为，一个人只要对自己抱有信心，就能保持精神和机体的健康。当时，德国已经先后有100多位勇士相继驾舟横渡大西洋，结果均遭失败。林德曼博士认为，这些死难者是死于精神上的崩溃，死于恐怖和绝望。为了验证自己的观点，他不顾亲友们的反对，亲自进行了试验。

在航行中，林德曼博士遇到了难以想象的困难，多次濒临死亡，他的眼前甚至出现了幻觉，运动神经也处于麻木状态，有时真有绝望之感。但只要这个念头一升起，他马上就大声自责："懦夫，你想重蹈覆辙，葬身此地吗？不，我一定能够成功！"生的希望支持着林德曼，最后他终于成功了。他在回顾成功的体会时说："我从内心深处相信一定会成功，这个信念在艰难中与我自身融为一体，它充满了周围的每一个细胞。"

他的试验表明，一个人只要充满希望，精神就不会崩溃，就可能战胜困难并取得成功。

生活中有很多希望的影子在摇曳，很多时候失败是我们没能够及时地抓住它。凡是热爱生活的人都可以看到希望的影子，而只有抓住了希望的影子，才有可能乘上希望的翅膀飞翔。希望就像我们赖以生存的空气一样，失去它，我们将失去生存的意义。

然而，有时候希望就在眼前，我们也不愿意伸出双手迎接它。因为我们害怕在我们得到了一些东西的同时，又会被拿走一些。我们害怕失去，所以也怀疑得到以后的后果。我们总是在怀疑身边的一切。我们怀疑生活的公平，怀疑空气的纯净，怀疑大地的辽阔，我们怀疑海洋的浩瀚，甚至怀疑人与人之间的爱。所以我们总是感到彷徨无措，所以我们总是与希望擦肩而过。

没有人能一步登天。真正使成功者出类拔萃的，是他们心甘情愿地一步接一步地往前迈进，不管路途多么崎岖。而在这其中，紧紧抓住希望，哪怕是万分之一的希望，并执著地付出与坚持，那就

161

是成功的关键。

一天晚上，一位美国青年想去纽约，妻子便去车站给他买票。车票已售完，妻子无奈地回家对他说："很抱歉，没能买到票。售票员说有人退票的希望只有万分之一。"青年人听到妻子的话后，马上开始收拾行装准备出发。面对妻子不解的目光，他说："我去碰碰运气，如果没有人退票，我就当是提着行李去散步了。"在车站里，他开始等待。开车前三分钟，终于有一位女士因为孩子生病而不能出行，他由此得到了退票，踏上了开往纽约的火车。

这个美国青年就是甘布士，他凭着抓住生命中每一个看似渺茫的希望这个信念，最终成为美国百货业巨子。在谈起自己成功的感悟时他说："我之所以成功，就是因为我抓住了万分之一的希望。别人以为我是傻瓜，其实这正是我与众不同的地方。"

生活中，我们缺少的往往就是这种等待、耐心和勇气。即使希望之后的结果常常是失望，也应该重新鼓起勇气和决心。如果在失败之后就去抱怨命运，便不再去争取生命中许许多多的万分之一的希望，也就不能获得事业的成功。

在这个世界上，有许多事情是我们所难以预料的。我们不能控制际遇，却可以掌握自己；我们无法预知未来，却可以把握现在；我们不知道自己的生命到底有多长，但我们却可以安排当下的生活；我们左右不了变化无常的天气，却可以调整自己的心情。只要活着，就有希望，只要每天给自己一个希望，我们的人生就一定不会失色。

每天给自己一个希望，就是给自己一个目标，给自己一点信心。希望是什么？是引爆生命潜能的导火索，是激发生命激情的催化剂。每天给自己一个希望，我们将活得生机勃勃，激昂澎湃，哪里还有时间去叹息去悲哀，将生命浪费在一些无聊的小事上？生命是有限的，但希望是无限的，只要我们不忘每天给自己一个希望，我们就一定能够拥有一个丰富多彩的人生。

希望，并不是遥不可及的东西。希望可以是一句诺言，只要你愿意为此而努力；希望可以是一根拐杖，只要你能勇敢地站起来眺望整个世界；希望可以是无边无际的幻想，只要你能用开阔的思维去完成你的所想；希望可以是任何你能想到的东西……只要你愿意，你就可以抓住希望的影子，乘上它的翅膀，跟着它飞遍世界的每一个角落。

 ## 要满怀热忱地面对生活

无论是在工作中还是在生活中，只要能以一颗热忱之心对待一切，就会产生奇迹。

麦克阿瑟将军在南太平洋指挥盟军的时候，办公室墙上挂着一块牌子，上面写着这样的座右铭："你有信仰就年轻，疑惑就年老；有自信就年轻，畏惧就年老；有希望就年轻，绝望就年老；岁月使你皮肤起皱，但是失去了热忱，就损伤了灵魂。"

这是对热忱最好的赞美词。培养发挥热忱的特性，我们就为我们所做的每件事情，加上了火花和趣味。

一个拥有热忱之心的人，不论是在挖土，或者经营大公司，都会认为自己的工作是一项神圣的天职，并怀着浓厚的兴趣。对工作热忱的人，不论工作有多少困难，或需要多大的训练，始终会用不急不躁的态度去进行。只要抱着这种态度，任何人一定会成功，一定会达到目标。爱默生说过："有史以来，没有任何一件伟大的事业不是因为一颗热忱之心而成功的。"事实上，这不是一段单纯而美丽的话语，而是迈向成功之路的指标。

成功学大师拿破仑·希尔指出："若你能保持一颗热忱之心，那是会给你带来奇迹的。"

一个浓雾之夜，当拿破仑·希尔和他母亲从新泽西乘船渡江到纽约的时候，母亲欢叫道："这是多么令人惊心动魄的情景啊！"

"有什么出奇的事情呢？"拿破仑·希尔问道。

母亲依旧充满热情："你看呀，那浓雾，那四周若隐若现的光，还有消失在雾中的船带走了令人迷惑的灯光，那么令人不可思议。"

或许是被母亲的热情所感染，拿破仑·希尔也着实感觉到厚厚的白色雾中那种隐藏着的神秘、虚无及点点的迷惑。拿破仑·希尔

163

那颗迟钝的心得到了一些新鲜血液的渗透，不再没有感觉了。

母亲注视着拿破仑·希尔："世界从来就有美丽和兴奋的存在，它本身就是如此动人、如此令人神往。所以，你自己必须要对它敏感，永远不要让自己感觉迟钝、嗅觉不灵，永远不要让自己失去那份应有的热情。"

拿破仑·希尔一直没有忘记母亲的话，而且也试着去做，就是让自己保持那颗热忱的心、那份热情。

热忱一方面是一种自发力量，同时也是帮助人们集中全身力量投身于某一件事的一种能源。热忱是对人的热情、对事情的热情、对学习的热情，还有对生命的热情。拥有热忱，可以让你做出很多原本可能做不到的事。

IBM能成为当今世界上最大的计算机制造公司的成功，秘笈就是为顾客创造良好的售后服务条件。为使全体员工保持极大的工作热情，长期以来，该公司为此挑选了一批优秀的技术骨干，专门负责解决顾客的问题和疑难，而且向顾客许诺：服务必须在顾客提出要求后的24小时之内完成。

有一次，一家使用IBM计算机的公司打来长途电话，请求该公司立即派人前去帮助修理计算机出现的故障。可是这家用户地处偏远的山区，靠一般的交通工具需要花费两天的时间才能到达那里。为了及时地帮助顾客排忧解难，维护公司的声誉，经过短时间的研究之后，该公司的维修人员毅然踏上了直升机，及时赶到了用户家里，而且对用户表示歉意，满怀热情地为用户顺利而及时地排除了故障，使这家客户大为感动。优质的产品及工作人员良好的工作热情，使IBM公司在世界计算机销售领域中独占鳌头。

成功的人和失败的人在技术、能力和智慧上的差别通常并不很大，但是如果两个方面都差不多，具有热忱的人将更能得偿所愿。

如果一个人能保持一颗热忱之心，很多事情都会迎刃而解。

纽约的一位女孩从秘书学校毕业出来，想找一份医药秘书的工作。由于她缺少这方面的工作经验，面试了好几次都没有成功，她就决定在找工作中表现出她的热忱。在她去面试的途中，她给自己准备了一段精神讲话："我要得到这个工作，"她说，"我懂得这个工作。我是一个勤快而自律的人，我能够做好这个工作。医生将会视我为不可缺少的人。"在到办公室的途中，她一再对自己重复这些话。她充满信心地走进办公室，并且热忱地回答问题，果然就有医生雇佣了她。

几个月以后医生告诉她，当他看到她的申请表上列着没有任何经验的时候，他决定不用她，只是给她一次礼貌的谈话而已，但是她的热忱使他觉得应该试用她看看。她把热忱带进了工作，并成为一名很好的医药秘书。

"十分钱连锁商店"的创办人查尔斯·华尔渥滋也说过："只有对工作毫无热忱的人才会到处碰壁。"查尔斯·史考伯则说："对任何事情都充满热忱的人，做任何事情都会成功。"

成功学大师卡耐基说过："一个人成功的因素很多，而居于这些因素之首的就是热忱。"热忱不能只是表面工夫，必须发自一个人的内心，假装出来的热忱不可能持续多久。产生持久热忱的方法之一是定出一个目标，然后努力去达到这个目标。达到这个目标之后，再定出另一目标，再努力去达成。这样不断地给自己提供兴奋和挑战，可以帮助自身维持热忱不坠。

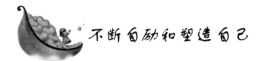

## 不断自励和塑造自己

不要企图活在别人的激励中，自励才是最有效的方法。

有一个小男孩，非常喜欢打棒球。有一天，他全副武装地到自家后花园去练习打棒球。在挥棒前，他对自己说："我是全世界最棒的打击手！"随即把球扔出，用力挥棒。很遗憾，没打着，球掉到了地上。

小男孩并不气馁，继续练习。他对自己说："我是全世界最棒的打击手！"随即他把球扔出，用力挥棒，球又掉到了地上。第二次也失败了。

接着，第三次又失败了。这个小男孩却很高兴地惊叫起来，他

165

对自己说:"也许我成不了最好的打击手,但我一定是一个天才的投球手!因为我连自己都打不到自己投出的球!"

以下方法便可以帮你塑造那个梦寐以求的自我:

**1. 调高目标**

真正能激励你奋发向上的是一个既宏伟又具体的远大目标。许多人惊奇地发现,他们之所以达不到自己孜孜以求的目标,是因为他们的主要目标太小,而且太模糊,这使自己失去了主动力。如果你的主要目标不能激发你的想象力,目标的实现就会遥遥无期。清晰地规划目标是人生走向成功的第一步,但塑造自我却不仅限于规划和调高目标。要真正塑造自我和自己想要的生活,我们必须奋起行动。莎士比亚说得好:"行动胜过雄辩。"

**2. 充满快乐**

多数人认为,一旦达到某个目标,人们就会感到身心舒畅。但问题是你可能永远都达不到目标。把快乐建立在还不曾拥有的事情上,无异于剥夺自己创造快乐的权力。记住,快乐是你的权利。我们要保持良好的感觉,使自己在塑造自我的整个旅途中充满快乐,而不要再等到成功的最后一刻才去感受属于自己的欢乐。

**3. 正视危机**

危机能激发我们竭尽全力。无视这种现象,我们往往会愚蠢地创造一种舒适的生活方式,使自己生活得风平浪静。当然,我们不必坐等危机或悲剧的到来,从内心挑战自我是生命力的源泉。

**4. 加强紧迫感**

阿耐斯曾写道:"沉溺生活的人没有死的恐惧。"自以为长命百岁无益于我们享受人生。然而,大多数人对此视而不见,假装自己的生命会绵延无绝。唯有心血来潮的那天,我们才会筹划大事业,将我们的目标和梦想寄托在丹尼斯称之为"虚幻岛"的汪洋大海之中。其实,直面死亡未必要等到生命耗尽时的那一刻。事实上,如果能逼真地想象我们的弥留之际,会物极必反产生一种再生的紧迫感觉,这是塑造自我的重要一步。

**5. 迎接恐惧**

世上最秘而不宣的体验是,战胜恐惧后迎来的是某种安全有益的东西。哪怕克服的是小小的恐惧，也会增强你对创造自己生活能力的信心。如果一味避开恐惧，它们会像疯狗一样对你穷追不舍。此时，最可怕的莫过于双眼一闭假装它们不存在。

6．不要害怕拒绝

不要消极接受别人的拒绝，而要积极面对。当你的要求落空时，不妨把这种拒绝当作一个问题："自己能不能更多一点创意呢?"不要轻易打退堂鼓。应该让这种拒绝激励你更大的创造力。

7．加强排练

先"排演"一场比你要面对的局面更复杂的战斗。如果手上有棘手活而自己又犹豫不决，不妨挑件更难的事先做。成功的真谛是：对自己越苛刻，生活对你越宽容；对自己越宽容，生活对你越苛刻。

8．精工细笔

创造自我，如绘巨幅画一样，不要怕精工细笔。如果把自己当作一幅正在描绘中的杰作，你就会乐于从细微处做改变。一件小事做得与众不同，也会令你兴奋不已。

9．结交益友

你所交往的人会改变你的生活。对于那些不支持你目标的"朋友"要敬而远之。结交那些希望你快乐和成功的人，你在人生的路上将获得更多益处。同乐观的人为伴能让我们看到更多的希望。

10．敢于竞争

竞争给了我们宝贵的经验，无论你多么出色，总会人外有人，所以你需要学会谦虚。在竞争中，使自己更深地认识自己，战胜自己，战胜别人。不管在哪里，都要参与竞争，而且要怀着快乐的心情。这样的竞争才是有意义的。

11．尽量放松

接受挑战后，要尽量放松。在脑电波开始平和你的中枢神经系统时，你可感受到自己的内在动力在不断增加，你很快会知道自己有何收获。自己能做的事，不必祈求上天赐予你力量，放松可以产生迎接挑战的勇气。

12．经常内省

经常反省对于我们每个人来说都是重要的。自我反省是提升自

167

己、完善自己的最好的方法。人生的棋局该由自己来摆，不要从别人身上找寻。

13．善用情绪的力量

人开心的时候，体内就会发生奇妙的变化，从而获得新的动力和力量。但是，不要总想在自身之外寻开心。令你开心的事不在别处，就在你身上。找出自身的情绪高涨期，用来不断激励自己，可以收到很好的效果。

在为目标奋斗的过程中，不断地激励自己是必不可少的一项内容。这时的激励，更多的是一种主观行为，是一种内心的自我暗示。人生的路上充满了阻力，当我们一身伤痕地摔倒在地时，能够拯救我们的，唯有我们自身。当我们不断地激励自己，不断地为自己的心灵加油时，我们的内心便会油然而生一种崭新而强大的力量。这种力量支撑着我们，推动着我们努力向上走，直至到达人生的顶峰。

# 第九章 大度包容：放下输赢，放宽心胸

很多时候，眼前的输赢其实并不能决定一个人的最终命运，反倒是对待输赢的态度更能折射出一个人的未来走向。

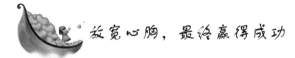

## 放宽心胸，最终赢得成功

任何竞争无非就是两个结果——输或者赢，人这一生哪个不经历起起落落、成败荣辱？世人往往将眼下的利益得失看得过重，因而对竞争者产生无端的"仇视"。输了则耿耿于怀，时时刻刻不忘报仇雪恨；赢了则自大狂妄，同时不忘对敌人"斩草除根"。其实很多时候，眼前的输赢其实并不能决定一个人的最终命运，反倒是对待输赢的态度更能折射出一个人的未来走向。

三国时期的蜀国，在诸葛亮去世后任用蒋琬主持朝政。他的属下有个叫杨戏的，性格孤僻，讷于言语。蒋琬与他说话，他也是只应不答。有人看不惯，在蒋琬面前嘀咕说："杨戏这人对您如此怠慢，太不像话了！"蒋琬坦然一笑，说："人嘛，都有各自的脾气秉性。让杨戏当面说赞扬我的话，那可不是他的本性；让他当着众人的面说我的不是，他会觉得我下不来台。所以，他只好不做声了。其实，这正是他为人的可贵之处。"

对待不同意见者的宽容并没有给蒋琬造成任何损失，反倒成就了他"一代名相"的历史地位，更是留下了"宰相肚里能撑船"的千古美誉。这就是宽容的力量。

宽容往往超脱于输赢之上，但最终能带来更长远的胜利。这是因为，没有容人之量的人，常常也会产生怨人之心。而一个充满怨气的人，往往被狭隘的心胸蒙蔽了长远的眼光。纵然能在一时的输赢较量中取胜，也难获得一世的安宁快乐。到最后，赢了一时，却输了整个人生。相反，宽容的人也许会因为自己的宽容失去一些蝇头小利，但是命运却会用更可贵的东西补偿他们。

罗伯特·德·温森多是阿根廷非常出名的高尔夫球手。一次，温森多在一项大奖赛中拿到了冠军，他微笑着从记者的重围中走出来时，一个年轻的女子向他迎了过去。

女子先是向温森多道贺，然后突然跪倒在地，向温森多哀求。

她说她的孩子得了很重的病，甚至可能会死掉，但是她没有足够的钱去支付医药费，希望温森多可以帮忙。

温森多被眼前的这种母亲对孩子的爱打动了，他决定帮助这个女子。于是，他把大奖赛夺冠赢得的奖金全部送给了这个女子。

一个星期后，温森多正在一家乡村俱乐部进午餐，一位职业高尔夫球联合会的官员走过来，问他前一周是不是遇到一位自称孩子病得很重的年轻女子。

温森多很好奇地问："你怎么知道的？"

那个官员说："是停车场的孩子们告诉我的。"

温森多点了点头，说："是这么一回事，怎么啦？"

官员摇摇头，说："这对你来说也许是一个坏消息，实际上，那个女子是个骗子，她根本就没有什么病得很重的孩子。她甚至还没有结婚，你让人给骗了。"

温森多没有立即回答，而是沉思了片刻，然后反问道："这么说，根本就不存在一个小孩子病得快要死了这件事？"

"根本没有！"官员肯定地说。

温森多长吁了一口气："太好了，这真是我一个星期以来听到的最好的消息。"

温森多的宽容让他失去了有限的金钱，赢得内心的安定和所有人的尊重。他是赢了还是输了？相信所有有正确人生观的人都会给出正面的答复。

人不能没有宽容，宽容是一切美德的源泉。但是宽容是一个非常广义的词语，包含了太多内容，也就是说宽容的境界各有不同。我们可以把它分为四种境界：

第一种境界。叫做原谅。原谅是一种博大，是一种优良的人格体现，对曾经有意无意伤害过自己的人要有宽容的精神；原谅是一种境界，它并不表示软弱或者放弃原则，相反它是一种更高层次的坚强，是一种人格的升华。

在很多时候，你会遇到不顺、欺骗、或者背叛，你可以怨天尤人，甚至自责，痛骂他人，然后坚持去讨个说法，然而事情却不因这些而改变，这一切只改变了你和日后的生活，负着疤痕地活下去。

第九章　大度包容：放下输赢，放宽心胸

171

但是如果你选择宽容，一切就会变得不同。你会放下包袱，会变得释然。当然，这样做也许会很困难，但更能反映出你的宽大胸怀和雍容大度。用你的体谅、关怀、宽容对待曾经伤害过你的人，使他感受到你的真诚和温暖。

第二种境界，叫做包容。如果说原谅是宽容伤害过自己的人，那么包容就是宽容一切人，是更高的层次和境界。我们为人处世要有一个包容的心态，要尊重别人的人格和优点，容忍对方的弱点和缺陷，切莫试图去指责或改变对方。

人都有一个特点，就是喜欢和那些懂得容忍自己的人相处，避免和那些时刻要对自己说三道四、横挑竖拣的人待在一起。所以我们经常能看到，那些性格好、能包容别人的人，他们的人缘特别好；相反，那些刻薄、喜欢找别人碴子，动辄教训别人的人，很难有什么知心朋友。实际上，智慧的古人早就看穿了这个道理，这就是要"严于律己，宽以待人"。用严格标准去要求别人投自己所好的人，谁见了都会退避三舍；而那些能包容和喜欢别人以本来面目出现的人们，往往具有感动人和促使人积极向上的力量。

第三种境界，就是要做到求同存异。求同存异是宽容的一种处世法则。人与人相处，如果总是强调差异，就会出现分歧，不和谐。将差异夸大，就会使人与人之间的距离越来越远，甚至最终走向冲突。唯一的解决办法就是求同存异，换句话说就是将分歧搁置，把注意力放在别人和自己的共同点上，实际上人与人之间的一切合作，就是建立在彼此宽容、求同存异上。

做到求同存异，很重要的一点就是要设身处地为别人着想，以达成共识。为别人着想，就会产生同化，彼此间的关系就会更加融洽。打个比方，你和一个陌生人交谈，意外地发现两人是同省同县同乡的，而且一方放弃讲普通话，另一方马上也操起了家乡话，那么两人就会倍感亲切，沟通起来就非常容易。不管我们做什么，有着怎样的目的和利益，大多情况下，我们总能和别人找到共同点。在人与人交往的过程中，每一个人都会有意无意地在想：这人是不是和我站在同一立场？

事实上，人与人之间的关系，要么非常熟悉，要么非常冷漠；

要么立场相同，要么南辕北辙。不管人和人多么不同，在这一点上，你和你眼中的对手倒是一致的，唯有先站在同一立场上，两人才有合作的可能。就算是对手，你也可能和他有共同的利益关系，只要找到他，你们就可走到一起，达成求同存异的统一。

第四种境界，就是要发现和承认他人的价值。宽容他人的不足和缺陷比较容易，但是发现和承认他人的价值是很困难的。这种宽容实际上就是成功之道。

人与人相处时，重视过于注重自我，忽视他人，或者说关注与自己相关或者偏袒对自己有利的东西，忽视与自己无关或者抵触不利的东西，这样就很容易屏蔽掉别人的价值。其实，每个人只要乐于寻找，一定能找出他人身上许许多多的优点和长处，能发现和承认他人的长处，那就承认了他人的价值。只有既能容人之短，又能容人之长，才更显出胸怀的宽阔、人格的高尚。

以上这四种宽容的境界，可以看作四种成功的法则。我们因为"放下输赢"而赢得了宽容，也会因为具有宽容之心最终赢得成功。

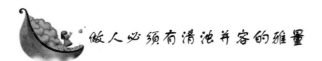

## 做人必须有清浊并容的雅量

我们在生活中，最容易犯的错误就是不懂得体谅别人，喜欢吹毛求疵，甚至很多时候，把这种毛病当成了一种习惯，成为了一种常态。有太多人非常"善于"挖掘别人的缺点，太过于苛求身边的朋友。常言道"冰至清则无鱼，人至察则无友"，水太清，鱼类反而无法生存；人过于看重别人的优缺点，就会交不到或者失去朋友。可见一个人如果太孤芳自赏不但交不到朋友，就连任何事业也很难有所成就，因为他已经陷于孤立无援状态。

世间并无绝对的真理，而且正邪恶善交错，所以我们立身处事的基本态度，必须有清浊并容的雅量。

鲍勃·胡佛是一名很出色的试飞员，他常常在各个航空展览当中进行飞行的花式表演。

一次，他参加圣地亚哥的航空展览会，进行飞行表演。表演完毕后，胡佛返回洛杉矶，结果在空中三百尺的高度，两具引擎突然熄火。幸亏胡佛他精湛熟练的飞行技术才使得飞机可以平安地迫降，这场意外虽然没有人员受伤，但却造成了飞机的严重毁损。

在迫降之后，胡佛的第一个行动是检查飞机的燃料。正如他所预料的，他所驾驶的这架第二次世界大战时的螺旋桨飞机，居然装的是喷气机燃料而不是汽油。

胡佛回到机场，立刻要求见为他保养飞机的机师。那位年轻机师为自己所犯的错误感到相当自责和难过。因为他的失误，不但造成了一架非常昂贵的飞机的严重损伤，并且还差一点让包括胡佛在内的三名机组人员失去生命。

飞机上的所有人都非常愤怒，并且预料，这位事事要求精确的胡佛一定会狠狠地责备这位机师的疏忽。可是，结局却出乎大家的意料，胡佛不但没有责备机师，甚至连一句批评的话都没有。

胡佛只是拍了拍机师的肩膀，很温和地对他说："为了表示我相信你不会再犯同样的错误，我要你明天再为我保养飞机。"

胡佛说完之后，那名保养飞机的机师眼眶泛满了泪水。

对于以上这么明显的疏失，身为当事人胡佛当然有权利痛骂这位年轻的机师一顿，但是胡佛却没有，他选择了体谅；对于一些已经造成的错误，再怎么样责骂都无济于事。而胡佛的体谅他人，不但为机师留住了面子，也为机师留住了位置，更重要的是，在机师和所有人的心中留下了极其深刻的印象。

在别人犯下错误的时候，胡佛没有选择去斤斤计较、咬住不放，而是选择了原谅，这也是一种宽容。

在现实中，我们很容易把别人的一些小毛病、小问题都搞得像滔天大罪那样不可饶恕。我们这样做并不是出于一时的狂怒，更多的则是源于一种禀性。我们如此夸张地非难别人，以至于我们能把别人原本是芝麻粒大小的一个问题渲染得像西瓜那样大。这看起来不过是为了满足自己一时的口舌之利，实际上还是因为我们的内心不够宽容。而性情豁达的人，能够体谅别人的过失，能够意识到别人的好意，也能原谅因一时的不小心犯下的错误，这样的人，或许在口角之争上比不过别人，但是绝对会赢得更好的人脉。

不知道体谅别人，其实就是在用别人的错误惩罚自己。这世上其实很少有错误是不可原谅的，如果不懂得体谅，一味地去责备，往往会导致冤冤相报的恶性循环。同时，不肯体谅别人的人，往往使自己吃苦，因为无论是责备还是记恨，都对自己的心态和健康无益。然而，一旦学会体谅别人，就会经历一次心灵的净化。

体谅别人不仅是爱心的体现，也是极高思想境界的升华。真正的体谅，是一种需要巨大精神力量支持的积极行为。体谅别人更是一种必不可少的品质，是一种正确的自我意识的体现。一个人只有具备足够的自信，才会有宽容的胸怀去体谅别人。体谅所得到的收益，是人际关系的协调和适应。

在生活中，我们要修炼体谅别人的心态。西方神学家康庇斯曾经写过这么一段话："银少人会以衡量自己的天平来衡量别人。"实际上这也正是我们是否能去体谅别人的关键所在。当我们做了一件令别人不快的事时，我们总会找到一个代罪羔羊，我们很快就体谅了自己。但是对别人为什么不能呢？关键在于没有将心比心、设身处地地为别人去想。如果你能使"将心比心、设身处地"这八个字成为你的生活习惯，进而成为你的第二天性，你一定会是快乐的人。因为当你苛责别人时，他也会像你支持自己一样，尽量体谅他的本意和初衷，体谅他的习惯，体谅他的过失。

美国第三任总统杰弗逊与第二任总统亚当斯从交恶到冰释，是一个生动的例子。

杰弗逊和亚当斯原本是好朋友。但是因为总统竞选。两个人的关系出现了矛盾，因为杰弗逊的胜出，亚当斯被赶下了台。杰弗逊在就任前夕，到白宫去想告诉亚当斯，说他希望针锋相对的竞选活动并没有破坏他们之间的友情。但遗憾的是，杰弗逊未来得及开口，亚当斯便咆哮起来："是你把我赶走的！"在此后的十一年中，这对好友的交往中断了。

后来，杰弗逊的几个邻居去探访亚当斯，这个坚强的老人仍在诉说那件难堪的往事，但接着冲口而出："但他也是没办法，要是我，我也会把他赶下台。其实我一向都喜欢杰弗逊，现在仍然喜

欢他。"

邻居把这话传给了杰弗逊，杰弗逊便请了一位彼此皆熟的朋友传话，让亚当斯也知道他对这段友情的重视。结果，两个人相互体谅，冰释前嫌。亚当斯回了一封信给他，两人从此便开始了美国历史上也许是最伟大的书信往来。

当你被疑虑与缺乏自信所征服，被侵略与恐惧所征服，你就正在经受着压力。这时，如果你要抨击他人时，不妨先自问："要是我在他的处境之下，我会怎么做？"体谅可以帮助我们恢复友谊、爱情和事业。在现实生活中，我们都迫切地需要友谊、爱情和事业，而体谅发射的第一道光和热，是在你失去理性时，犹能自问"要是我在他的处境，我会怎么做"，能够做到这一点，就证明你已经达到一种非常高的宽容境界。

当别人犯了错误或表示愤恨时，当我们把别人贬得一文不值时，当我们抓住了别人的一次谎言时，别忘了，我们自己曾经也犯过无数次这样的错误。

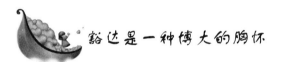
## 豁达是一种博大的胸怀

豁达是什么？豁达是一种处世的境界，是一种智者的心态；豁达是一种宽容，恢弘大度，海纳百川；豁达是一种博大的胸怀，是一种超然洒脱的态度。

豁达的生活态度在古代被视为一种超脱的人生态度，备受推崇。但是在今天讲究"丛林法则、弱肉强食"的世界里，越来越多的人不再赞同这种生活态度，认为"不计较得失、不在乎输赢"的豁达态度不是当今社会的生存之道。这些人说的或许有些道理。的确，在当今社会，竞争是主旋律，人们都渴望成功，渴望赢得胜利。但是，豁达的心境难道在当今社会中真的没有市场了吗？不尽然。

2008 年 7 月 19 日，温州泵阀厂老板朱吉光因不堪承受"非法担保"带来的还款压力，服毒自尽；2008 年 8 月 12 日晚，浙江省十佳青年企业家、浙江一新制药股份有限公司董事长郑亚津，在办公室自缢。不到一个月，就有两位浙商企业家自杀！

再往前追溯，2008 年 4 月 29 日，曾经叱咤中国资本市场的涌金公司掌门人魏东在北京家中高楼一跃而下；2008 年 3 月 13 日，华县知名企业家、陕西华乾工贸有限公司董事长段民乾自杀身亡……

从朱吉光、郑亚津等人的这些自杀案例来看，起因都是企业发展遇到了困境。他们当初是万众瞩目的赢家，但是就因为暂时"失了一城"，就选择了极端的处理方式。这些案例触目惊心，让人扼腕叹息。在叹息之余，我们不禁要深思：为什么有那么多人赢得起输不起？为什么在利益得失面前有太多人不能看开一些？如果人人都有一份豁达的心境，这样的惨剧还会再发生吗？因此，不够豁达，会让人在输输赢赢的名利场中迷失了自己，最终彻底失败。豁达一点，就能够勇敢地面对输赢，能够有东山再起的勇气，最后未尝不会再获成功。这样看来，豁达之人到底还是赢家。

北宋文坛盟主苏轼的一生，就是"豁达"二字的真实写照。

苏轼一生多次被贬谪，可谓是处处不得志、就像苏轼自己在《自题金山画像》中说的那样："问汝平生功业，黄州惠州儋州。"但是在面对种种生活中的逆境时，苏轼并没有消极堕落，相反，他以一种豁达超然的态度面对生活中的种种不幸。

在被贬黄州期间，苏轼"一蓑烟雨任平生"，"归去，也无风雨也无晴"；在被贬海南岛期间，他"日啖荔枝三百颗，不辞长做岭南人"；在被贬密州期间，他"会挽雕弓如满月，亲射虎看孙郎"。

苏轼的贬谪生活其实是异常艰苦的，有时甚至食不果腹，但即使是这样，苏轼仍然懂得以豁然的心态面对这一切。他发明美食，创作音乐，钻研佛法，把酒填词。苏轼一生之中最好的文章大多是在这一段时间中写成的。

在面对困境时，苏轼类的豁达之人都有一个共同的思维特色，那就是：超然物外，趋利避害，保持情绪与心境的明亮与稳定。因为豁达的心境，苏轼在重重艰险之中收获了乐观的人生，更收获了文学上的成就。

豁达就是这样一种东西，它不会帮助你赢得某方面的成功，但

*177*

是却能在你失败的时候给你打开另一扇通往成功的大门。这也恰似哲人所言："所谓幸福的人，是只记得自己一生中满足之处的人；而所谓不幸的人，是只记得与此相反的内容的人。"每个人的满足与不满足，并没有太大的差异，幸福与不幸福相差的程度，却会相当巨大。

豁达意味着风度、胸怀和气质，意味着亲和力、感召力和凝聚力，这些都是能使一个人成功的资本。更为重要的是，豁达的心胸会让你在"输"的现实中看到"赢"的另一面。

我们的一生中需要为创造幸福快乐的生活而奔忙劳碌，而在奔忙劳碌中，就不可避免地会遇到各种各样不顺心的事情，当别人在轻松中享受着丰厚的待遇，而你却在做着紧张忙碌的工作而待遇远不如别人时，你要想到你在忙碌的工作中锻炼了才干，在实践中增长了智慧。真本领是摔打出来的，真本领才是获得幸福快乐生活最牢固的基石。

当你在生活中遭遇到种种不幸时，要尽量豁达，调整自己的心态，要想到在生活冷淡的同时，也会馈赠给你轻松和自由，要利用好这份轻松和自由，清理一下自己心灵的原野，把因忙碌而被荒芜的土地开垦出来，正所谓"东方不亮西方亮"。在现实生活中，因遭遇冷淡另辟蹊径而成大器的人不在少数，这是因为这些人充分发挥了豁达心态的作用。

把逆境变成生活的动力，幸福快乐就永远属于自己，否则幸福快乐就会离你而去。当生活赐予你幸福，你当然就有幸福，而生活赐予你苦难，记得要豁达，别让灰色的阴云飘进你情感的天空。

生活中的苦难往往是喜剧的序幕，正所谓"有苦就有甜"，"失败是成功之母"。在避不开的苦难面前，要学会潇洒去面对，像接受幸福一样去接受，你会从中体会到，苦难会使你锻炼得更坚强。它会逼着你思考许多从未思考过的问题，从而增长了智慧和才干，这不是生活中的阴天，而是生活中的另一个太阳。

豁达的人能把逆境变成动力，能把各种各样的生活重负变成轻松，把复杂的事情变成简单，把平凡的生活变成有趣。当你的心态豁达时，你就会发现：那些认为别人总是欠他的人，就不会拥有快乐；那些因伤感不能解脱的人，生活就会显得干枯苍白；而拥有豁达的人，对生活永远充满热情，幸福快乐永远相伴，永远有一个纯钢之躯。所以，对于豁达的人来讲，他们虽然不计较得失，但是却拥有更多的成功资本。

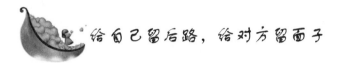

## 给自己留后路，给对方留面子

心理学研究表明，正常的人都是很重视面子的。面子像人的衣服一样，可以遮掩身价，可以挽回尊严，我们每个人都需要面子，我们每个人都要学会善用面子，都要学会善用面子而不强争面子的道理，只有这样才能在社会生活中与人和谐相处，取得成功。

善用面子，是一门社会大学的必修课，而生活中处处充满了面子的学问。比如朋友相交，就要善于利用面子。你往朋友脸上贴金，朋友只会高兴，只会感激你。比方说你有喜事临门，朋友来向你道贺，你要说："沾你的光，托你的福。"这样一说，就使你自己的光彩暗些，朋友的面上则光些。

即使你对朋友的所作所为有意见，说的时候也要给朋友面子。你总得先说"你的某某事做得挺好，效果、反应都不错"，然后，你再用"就是"、"但是"、"不过"等来做文章。谁都知道，"但是"后面的才是真正要说的话，但前面的话一定要说，因为在中国它不是假话，也不是废话，而是为营造一种和谐气氛的客气话。你若直来直去，对方必然会觉得你扫了他的面子，心中会大起反感。所以，"曲线救国"，拐弯抹角的话是少不了的。

给面子要给得恰当，不恰当就是不给面子。如果被请之人面子很大，而又未受到应有的待遇，则成了极伤面子的事情。假如你在交际的过程中，不仅没能让朋友欠你个人情，反而伤了人家的面子，那么，你还得学会补偿。

倘若你的伤害是无意的，伤害的程度又不大，这时，你立即去补偿，一般都能化解矛盾，不致酿成大祸。怎么补呢？一是赶紧说

*179*

"对不超"，赶紧降下身份，将自己的面子放到一边；二是如果对方的面千本来就大，便只好自己"打耳光"，骂自己"有眼不识泰山"。总之，是以贬损自己来相应地抬高对方，以补偿他的面子。

面子可以作伪，但情感却是真实的。面子有大有小，情感也有深有浅；但情感的大小不以面子的大小为转移，只以内心的体验为依据，因而比面子更真实。所以，我们在与人相处的时候，要记得给对方留个面子，即使对方嘴上不说，但是心里一定会对你心存感激。懂得这个道理，相信你会获益匪浅。

1863 年 1 月 8 日，伟大的无产阶级导师恩格斯的妻子病逝，恩格斯心情十分悲痛却无人诉说，此时，他唯一想到的就是他的朋友马克思，希望他能安慰一下自己。于是，把妻子病逝的消息，写信告诉了马克思。

让恩格斯没想到的是，马克思并没有给他应有的安慰，相反大倒自己的一肚子苦水。恩格斯看到马克思如此冷冰冰的态度和没有安慰话语的回信，心里是又气又绝望，当即回信马克思。要与他绝交。两人二十年的友谊眼看着就要发生裂痕。

马克思看了恩格斯给自己的回信，心里像压了一块大石头那样沉重。他意识到了自己的过错。几天后，马克思主动写信认错，解释了情况，并诚恳地请求得到恩格斯的原谅。

在给马克思的回信中，恩格斯高兴地说道：险些因为自己的冲动再失去另一个自己最亲的人。

两位伟人的坦率和真诚，使他们之间友谊的裂痕弥合了。疙瘩被彻底解开了。

在日常生活中，我们每一个人都会遇到面子与退让的问题，即使伟人也不例外。那么遇到此类情况你应该怎么办呢？马克思在这个问题上为我们树立了典范。

当自己的利益和别人的利益发生冲突，友谊和利益不可兼得时，首先要考虑采取豁达宽容的态度，舍利取义，立即去补偿和化解矛盾。

郑板桥曾说过："吃亏是福。"这绝不是阿 Q 式的精神自慰，而是一生阅历的高度概括和总结。世间有些人常怕自己吃亏，因此他

不怕输才会赢

们总爱斤斤计较，处处较劲；即使是蝇头小利，也要与人争得面红耳赤，吵闹不休。做人可贵之处，倒是乐于吃亏。只要我们留心一下历史和身边的人，就不难发现，凡那些有杰 m 成就的人，无一不是胸怀宽广又能亏己的人。由此可见，亏己也是福。

西汉时期，有一年过年前，皇帝一高兴，就下令赏赐每个大臣一头羊。羊有大有小，有肥有瘦。在分羊时，一名负责分羊的大臣犯了难，不知怎么分才能让大家满意。正当他束手无策时，一名大臣从人群中走了出来，说："这批羊很好分。"说完，他就牵了一只瘦羊，高高兴兴地走回家。众大臣见了，也都纷纷仿效，不加挑剔地牵了一头羊就走。摆在大臣们面前的一道难题一下子就迎刃而解了。

这名大臣既得到了众大臣尊敬，也得到了皇帝的器重。对于这名大臣来说，亏己不正是福吗？

还有一个故事这样说：

上古帝王尧有两个儿子，一个叫舜，一个叫象。尧欲将王位让与舜，象虽然表面恭敬，但是内心却不服气，总想害死他。有一次他们俩去挖井，舜正在井内时，象却突然把井口封死，不料，舜大难不死，从并的另一个出口脱身。后来，舜不计前嫌还邀象同他一起管理朝政，象自愧不如，从此对他这个大哥死心塌地，再也不起谋反之心了。

由此我们可以看到舜能够成就一代帝王大业的原因了，一是因为他有广阔的胸怀，更重要的一点就是他懂得主动退让，给自己留后路，给对方留面子。正如古语所云："利人就是利己，亏人就是亏己，让人就是让己，害人就是害己。所以说，君子以让人为上策。"

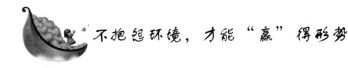

不抱怨环境，才能"赢"得形势

心理学家在研究人们的消极负面情绪时发现，我们所有负面情绪滋长的根源就是抱怨，出现问题或过错，我们习惯性地先指责抱

第九章 大度包容：放下输赢，放宽心胸

怨他人。

为什么那么多人生活得并不开心？为什么渴望赢得胜利的人常常与成功无缘？其实很大一部分原因就是他们把过多的心思放在了抱怨上，他们总是把自己眼前的逆境归咎于环境或者他人，他们只会满腹抱怨，却不懂得反省自己。

抱怨并不能改变环境，抱怨也不能让别人按照你想要的方式去行事；抱怨仅仅是一种负面的情绪而已，不能解决任何实质性的问题。抱怨可以毁掉一个人的生活，抱怨可以使人情绪低落，抱怨也能让人心中充满了阴霾。抱怨不但让人输掉事业，还有更多美好的东西会随着抱怨消散掉。

常抱怨，人生中有太多竞争，事业横亘如山，生活潜藏陷阱。喜欢抱怨的人，每当夜深人静，独自面对的时候，他们就会被一种莫名的焦躁和惶恐感所包围，伴随着深深的孤独与无助，疯狂地侵蚀着他们那颗已经孱弱的心灵和微薄的勇气。

有人说竞争就像下棋一样，看着是两个人的事，实际上是一个人的事，对弈者，实际上都是在跟自己博弈，输了，大不了就重新来过。真正下棋的人，心理上没有对手，只有自己。此为一种棋局境界，情趣人生一般都是这样的。

还有种境界是一个大我两个小我在对弈局中，这样的对局里没有大我全是小我。大我眼中必然没有敌人，小我眼中处处皆敌，这都是正常的。而更有趣的是敌人永远也战胜不完。

一个纠缠不休的对手足以说明了自我的强大，这样的弈局里高手是从来不去下它的。因为真正的棋局高手最懂得生命的真谛之于自我的重要性的，这样的弈定局面里常人是很难列入的。人生的最高境界是什么？心无旁骛，自得其乐。此为弈定论。我们一般人都常处在弈动论中的。弈定局面里的衡解过程及其结论往往是主宰一切的，更是弈动局面内的所有人无法理解并接受的。当人们得知这一切时，这都已经成为不再重要的了。

不要埋怨环境，你抱怨与否，环境就是那样，不会改变。有的人在抱怨形势，有人就在努力。有时候，环境好不好，真的不是很重要，改变自己，适应这个无论好或坏的环境才最重要。

冬天里，一只野鸭被冻在湖上。鸭子向一位走近的农夫抱怨："天气太冷，湖水结冰，把我冻住了。"

农夫问："为什么偏偏只有你被冻住？"

鸭子说："别的鸭子会飞，都飞走了，我不会飞，就被冻住了。"

农夫叹了口气："明明是自己不会飞，却抱怨天气！有什么可抱。

很多时候问题都是不明朗的，究竟是鸭子不会飞而被冻封的，还是能飞也想飞却被扼飞着所以才飞不了的，从而只能停在冰面的？经验或者经典的作用就是在于提醒，局面看清了，就有了解冻问题的钥匙，而有些局面我们或者一生一世都深居其中，一般的人又都岂能看得透呢？"知天命"等说法大概就缘于这样的谜题症结。所以，不要埋怨别人，不要抱怨环境，关键是自己先要做到会飞和能飞并起飞才对。

人的能力其实可以分为两部分，一部分是专业能力，另一部分是人格能力。我们身边有这样的人：他们的出现总能带来良好的气氛，任何一个团体有了他们的存在就充满正面的情绪。这样的人就属于"人格能力"比较突出的一类，他们也更容易获得成功。

一家公司有位接待人员名叫玛莎，她有着最开朗、最灿烂、最真诚的微笑。她总是不吝赞美、衷心喜悦，愿意为任何人做任何事。更为关键的是，虽然玛莎每天忙得团团转，但是她却从来不抱怨，依旧保持着非常乐观的心态，每一天都能听见她爽朗的笑声。在办公室里，你时时可以感觉到她的存在，而每一个人也发现，自己因为玛莎而变得更愉快，也更有创造力了。

玛莎姑娘在公司内外获得了广泛的赞誉。后来，玛莎被另一家公司以两倍的薪水挖走了。所有人马上明显感觉公司的气氛有点不一样了。好像有人用了比较暗的颜色粉刷墙壁，或是照明出了什么问题。这时候所有人都进一步明白，这个不抱怨的玛莎对于团队有多重要。

是的，"不抱怨"看起来是个小小的优点，但是这种宽容的态度却是一个人能力组成的一部分。所以说，不要小看人格能力，它确实可以帮助你赢得更好的未来。

有一个人曾经养过一只狗，他非常喜欢这只狗，但是有一次，在他家一个高速公路的拐弯处，他家的狗被疾驶的车子轧死。这个人从此就有了心理阴影，每当再有车子疾驶而过时，他都会对驾车人粗鲁地大喊："开慢一点！"有时候他不只在喊，还会挥动手臂，想叫他们不要开快车。让他气愤的是，他发现这些车主几乎很少减速，而且根本不去理会他。其中有一辆黄色的跑车最可恶，无论他如何高声尖叫、用力挥手，那个年轻的女司机还是在他家门前闪电般飞速疾驶。

有一天，这个人和妻子在门前种花，他又注意到那辆黄色的跑车飞快地驶来，但是这一次，就在车子经过他家门口的时候刹车灯突然亮起，车速放慢了。

这人非常惊讶，转过头对妻子说："这辆车今天怎么这么规矩？"

妻子说："很简单呀，我冲着她微笑，还挥挥手。"

"什么？"这人惊讶地问。

妻子说："我对她微笑，把她当成老朋友一样对她挥手，她也对我微笑，车速就慢下来了。"

这人非常感慨地说："这么长时间我都在抱怨她，希望她能慢点开，但一直都不能如愿。想不到你有这么大的能力！"

这个故事可以告诉我们一个真理：用善意对待别人，别人也会回应你善意，而以抱怨待人，则最终会无功而返。正如英国文豪弥尔顿的名言："景由心生，心可以使天堂沦为地狱，让地狱变成天堂。"

那些时常抱怨的人，不见得是他们遇到了比别人更多的"不平事"，而是因为他们的内心中有更多负面的东西。所以，很多时候不是因为困境多而抱怨，是因为喜欢抱怨所以显得人生更忐忑了。

也许有人认为，没有抱怨世界就不会进步。但是事实上是，改变源自于不满，只要你发现事情现况与理想状态之间有落差，改变就会发生。不满只是开端，却不能成为结果。如果你抱怨某种状态，你或许可以吸引其他人跟着你嘀咕、抱怨，却发挥不了多少作用。然而，如果你能开始描绘那个挑战不复存在、落差已经填平、问题也获得解决的光明愿景，你就可以振奋人心，促使人们做出积极、正面的改变。

不怕输才会赢

比如美国著名黑人运动领袖马丁·路德·金对种族歧视的现状就不是一味地抱怨，而是给人们描绘了一个美好的未来，以至于他的那篇演讲《我有一个梦想》成为一篇传世佳作。

其实，我想要告诉你的很简单：停止抱怨、批评、讲闲话的习惯，快乐就在当下，就在你的周围。

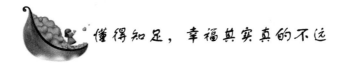

## 懂得知足，幸福其实真的不远

《老子·俭欲》中说："罪莫大于可欲，祸莫大于不知足；咎莫大于欲得。故知足之足，常足。"意思是说：最大的罪恶没有大过于放纵欲望的了，最大的祸患没有大过于不知满足的了；最大的过失也没有大过于贪得无厌的了。所以，内心知道满足的人，永远会感到幸福。

但是在现实中，很多人总是在追求，但是无止境的追求却让他们的生活变得极为单调。他们过得并不开心，是因为所有的追求本来就没有尽头。他们总是在向前走，而不知体会生命的乐趣，使本来具有积极意义的追求变成了无味的所求，没有任何的东西能够让他们感到快乐，因为在他们的心中，永远有不知满足所带来的遗憾。有些在很多人眼里本该幸福的人，其实有的并不快乐，因为他们不懂得知足的妙用。这样的人纵然能赢得百万家资和无上的权力，但是整个人生还是输了。

相比之下，有些人的条件其实很差，看起来明明应该拥有那种比较"悲惨"的人生，但是他们的幸福却未曾少一分，这就是因为他们满足于眼前自己所拥有的一切。

以上两类人的生活状态说明，人和人之间纵然有千差万别，但是幸福的感觉总是相同，只要你懂得知足，幸福其实真的不远。

有一个国王总是感觉自己不幸福。一天早上，当他随意在王宫四处转悠的时候，无意间走到御膳房，他听到里面一个厨子在快乐地哼着小曲，脸上洋溢着幸福的表情。国王很是奇怪，一个小小厨

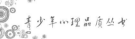

子为何会如此幸福？于是他让大臣把厨子叫过来问话。

结果厨子的回答令国王大吃一惊，他说他有房住有衣穿，有老婆有孩子，感到很美满，所以感觉幸福。

厨子的话，让这位常常感觉不到幸福的国王陷入了深思……

这个故事中国王和厨子谁才是赢家？如果从物质、权力的角度来讲，厨子永远不可能胜过国王，但是因为他懂得知足，所以他在幸福的体验上超过了高高在上的国王。在人生的舞台上，只有最幸福的人才是最后的赢家。

国王和厨子的故事所告诉我们的，正如一句名言所说："知足者贫穷亦乐，不知足者富贵亦忧。"所以，快乐是与富贵、贫穷无关的，关键取决于我们内心是否满足。

当你埋怨新买的鞋子不合脚的时候，你要想想那些没有腿的人，你就知道自己有多么幸福了；当你为没有穿上新衣服而心情沮丧的时候，想想那些还在挨饿受冻的人，你就知道自己有多么幸福了；当你坐在宽敞明亮的教室里却上课走神的时候，你想想那些交不起学费，躲在门后偷听老师讲课的孩子，你就知道自己有多么幸福了；当你嫌弃手中的面包不够美味时，想想那些还挣扎在贫困线上，温饱问题都解决不了的人们，你就知道自己有多么的幸福；当你愤愤命运不公，时运不济的时候，想想那些比你更不幸的人们，你就会知道自己有多么的幸福。

当你细下心来，静静地思考一下这些问题的时候，你就知道了，人生真的需要"知足"二字，只有懂得知足，才能获得幸福。

当然了，我们所说的"知足"，并不是一种不思进取的处世态度，是尽量使自身的承受能力与需求保持相对平衡稳定的一种状态，这是一种积极的生活态度，是一种智慧的处世方式。

因为生活有快乐同时也有悲伤，生活有晴空丽日同时也有阴雨笼罩，生活有幸福同时也有悲哀。生活的舞台上，不幸和幸运，前后相随，鱼贯而出，使我们依次体味悲伤和快乐。一个理智、乐观的人会渐渐地懂得，对生活不要期望太高。因为生活有阴也有晴，怨天尤人、悲号哀鸣毫无用处，只有拥有知足常乐的心态，才会愉快而不懈地工作，才能有真实的收获。

不怕输才会赢

同时，理智而乐观的人对自己身边的人也不会期望太高。因为他们懂得，即使是世界上最优秀的人，也会有性格上的弱点，也需要人们容忍、同情甚至怜悯。理智而乐观的人更懂得，生活是由我们自己创造的。每一个心灵都会给自己创造一个小天地。喜悦的心灵会使这个小世界充满快乐，不知足的心灵会使这个小天地充满哀愁。与其充满哀愁不如快快乐乐。

著名女作家赵淑侠女士面对记者的采访时曾经真诚地感叹人生，她说人生是不会一帆风顺的。而幸福与否，都是自己心理上的自我反映。那些名人，你看他们很幸福或不幸福。实际幸福不幸福，只有他们自己知道，恰如水的冷暖，饮者自知。

其实人生本是很难幸福的。绝对的幸福是没有的。人生在世，不能不愉快地接受这种实际中的不完美。古往今来，那些不知满足，一味追求完美的人结果都很凄凉。

比如李清照，在丈夫死后，她不能冲破情关，专一执著地守寡终身；三毛把荷西视为神一般的永生恋人，他们的爱情是完美的，这使一般的爱情显得平凡，她的自杀只能如此解释……她们的悲剧都是缘于她们过于追求完美。追求完美的人有一个通病，那就是特别容易情绪不安，因为他们以一种不正确和不合逻辑的态度看人生，认为不完美便毫无价值。

不懂得知足，而且害怕犯错，一旦犯错后又做出过分的反应。其实，生活中哪有那么多的完美呢？

伯恩斯教授曾经做过这样一个心理治疗。曾经有一名法律系女学生向他求助，伯恩斯教授首先请她列出追求完美的好处和弊端。女学生想了半天，最后只举出一个好处，那就是，会得到优秀成绩。有想到。根据这个利弊分析，教授最后提出，若放弃追求完美，生活可能会更有意义和更有成就。女学生深受启发，从此，笑容也多了

伯恩斯在他的心理讲座中就曾经这样告诉他的学生们，不要把目标定得太高，一定要切合实际，因为只有你的目标在你的能力范围之内，你才会更加有信心，心情也会比较轻松，自然工作效率会更高些。太高的目标反而会将人拖垮，生活中我们常会见到的那些

第九章 大度包容：放下输赢，放宽心胸

187

所谓"黑马"选手，往往就是那些目标不高的人。

事事追求完善，都要拼命做好，这会使你自己陷入瘫痪。不要让尽善尽美主义妨碍你参加愉快的活动，而仅仅成为一个旁观者。你可以试着将"尽力做好"改成"努力去做"。

尽善尽美主义意味着惰性。如果你为自己制订尽善尽美的标准，那么你便不会去尝试任何事情，也不会有多大作为，因为尽善尽美这一概念并不适用于人。它也许只适用于上帝，但你作为一个人，不必以这个标准来衡量自己的行为，否则你永远都不会感觉到幸福。在生活中，有了知足常乐的心态，就能减少许多烦恼。无忧无虑地踏上人生之路，其实是争取最后"赢"的最好方式。

在各种压力不断增加的今天，我们应该学会这种聪明的处世方式，即：相对的知足，绝对的追求。所谓"知足常乐"，其实就是要求人们对当下生命的肯定，去满足于当下的获得与快乐，心中有了满足感，幸福也就来临了。

## 糊涂是一种忍让，是一种大度和宽容

什么是糊涂？这里讲的糊涂，是一种忍让，是一种大度和宽容，是人生的一种智慧。

有的人也许会问："糊涂的人容易失败？糊涂的人永远赢不了？"那倒未必！"糊涂"二字的核心意义是：有些事，我们能让则让，能忍则忍，不必看得那么重，也不必斤斤计较。很多人认为这正是取败之道，其实不然，一个能够容忍、能够退让的人，看起来似乎是不得利，但是到了最后，往往这些人才是真正的赢家。因为有时候睁只眼闭只眼不仅会避免很多烦恼，还能赢得好的人际关系。正所谓"人生难得是糊涂"。

人会遇到许多时机不利于自己的情况，而此时硬碰硬又起不到好的作用，那么此时最好的办法就是装糊涂了。这样既可以保全自己，也可以伺机而动。因此，很多时候，"装糊涂"要比"装聪明"

聪明得多。

英国剧作家萧伯纳从小就非常聪明，喜欢幽默搞笑，很早就显露出在文学上的天分。但是他年轻时不懂得"装糊涂"的道理，总爱表现自己，有时高傲自大，说话尖酸刻薄，使朋友们都很难堪，结果经常遭人排挤，陷入孤立无援的境地。

萧伯纳很不解为什么大家对他敬而远之，当时他并不知道这一切都是因为他的爱表现造成的。一天，他的朋友坦诚地和他进行了一次谈话，朋友直接告诉他：虽然他说话时很幽默风趣，但是他太锋芒毕露。朋友说："其实越是有实力的人越应该装糊涂，不要显示你的聪明，只有这样，你才能和大家和谐相处，才不至于变得非常的孤独。"

萧伯纳听了朋友的话，一下子如梦初醒，豁然开朗。他现在才明白自己到底错在了哪里：太聪明，而不会去装糊涂！

从此，萧伯纳慢慢地学着"假装糊涂"，讲话开始不再刻意表现，举动也变得成熟稳重，就像一个普通人一样谦虚和逊，不再表露出自己的才华，甚至有时候糊里糊涂地像个蠢人。平日里糊涂的萧伯纳，致力于把自己全部的才华发挥在文学上。

萧伯纳的这一转变，使他后来在文坛上取得了很大的成就，成为举世瞩目的大文豪。

在现实生活中，确实存在很多像年轻的萧伯纳式的人，他们总爱不分场合地大发议论，没有节制地说三道四，结果，这种自我表现和炫耀的行为给人留下一种傲慢、偏激的印象，无形中为自己树立了敌人，也失去了朋友，损害了自己在别人心目中的形象，甚至影响自己的发展前途。相反，假如你能够适当地犯点儿小傻、装点儿小糊涂，让自己显得不那么聪明，那么不仅体现了你随和与可爱的一面，而且会使你拥有越来越多的朋友，会使你在工作中得到越来越多的支持与帮助。更确切地说，很可能直接促进了你的成功。

输与赢的界限，在糊涂的人那里显得格外模糊。但是他们却往往在"输"中取得胜势，可以说，他们才是最能够品尝到"赢"的滋味的人。

所以，我们可以这样定义糊涂：糊涂是人与人交往的润滑剂。

第九章　大度包容：放下输赢，放宽心胸

189

从这个意义上说，糊涂可以让别人消除对自己的距离感，让自己变得更亲切随和，更加柔韧。有时候，糊涂也可以说是做事情时的小窍门。

因为你要知道，世界上并不存在绝对完美的事情，过分较真和过于追求完美，有时候会适得其反，给自己造成无形的心理压力，形成心理疾病。而糊涂的处世方式则可以让我们置身事外地去分析问题，解决问题。因为这种糊涂不是无知，而是一种大彻大悟的理解，是一种大智慧，更是人生的真谛。

我曾经听说过一个流传已久的故事：

有一位得道的高僧，他有两个非常得意的弟子。高僧逐渐年老体衰，他已经预感到自己将不久于人世。为了能让自己的学问继续发扬下去，他决定从两个徒弟中选一个作为衣钵的传人。

老和尚想出题考考这两个徒弟，然后再决定谁是自己的接班人。题目很简单，让他俩去给他捡一片最完美的树叶，谁捡到了谁就是他的传人。

两个徒弟领命而去。

不久，大徒弟就回来了，可是他递给师傅的却是一片普通得不能再普通的树叶，根本一点特别的地方都没有，完美也就更谈不上了。老和尚笑而不语。

过了很久，二徒弟回来了，可是他却是空手而归，一片叶子都没有。他非常沮丧地告诉师傅，他的确是按照师傅的要求去找叶子了，但是他看到外面有很多很多的树叶，他看这片叶子这里好看，而那片叶子又哪里好看，最后挑花了眼，不知道到底哪一片是最完美的了。

听了二徒弟的话，老和尚捻须长叹，这就是他考题的真正目的，而这个道理，他从大徒弟身上已经看到了。

考试的结果出来了，老和尚把衣钵传给了大徒弟。

对于这道考试题，老和尚给两个徒弟作了一番深刻的解释，他告诉两个弟子：世界上本来就没有绝对的完美，如果能够达到绝对的完美，那么哪里还有喜怒哀乐和生态万千呢？假若存在，那么我们每天的修行也就没有意义了。因为修行的真正目的不就是为了除去心中的杂念，让自己的心境尽量地达到完美吗？而这个完美之路是永无止境的，所以才有后人永不止境的追求啊。

在这场考试中，大徒弟取得了胜利，他的胜利之处就在于他懂得难得糊涂的道理，懂得不苛求完美的道理。

他懂得这个世界上根本没有完美的树叶，就像没有绝对完美的人一样，他懂得对人生的大彻大悟，他懂得该糊涂时就要糊涂，不能一味地较真和苛责，所以就找了一片普通的树叶回来，而小和尚显然修行还是不够到位，所以他没有理解题目真正的含义，他没有摆脱世俗之心，还是一味地追求完美，并跋山涉水地去寻找那完美的叶子，结果却是希望而去，空手而归。

这个故事不禁使我感慨，其实我们的人生又何尝不是如此！

有些人不懂得难得糊涂的道理，一味地追求完美的生活完美的爱情，完美的一切，结果往往是两手空空，一无所有。而有些人就懂得"聪明反被聪明误，人生难得是糊涂"的道理，对人对事都懂得犯傻装糊涂，结果往往是满载而归，幸福美满。

有一个发生在我身边的真实的例子：

高中时我们班里有这样两个女生，前者是班花，长得漂亮，学习也好，但是事事苛求完美，近乎苛责；后者貌不惊人，随和平易，懂得难得糊涂的道理。

十年之后，当我们再见面的时候，前者的风采已经减半打折，至今仍孤身一人，而后者却在幸福家庭的滋润下越发的美丽。当她们两人坐下来细谈的时候我才真正地知道原因。原来。因为前者过于苛求完美，要求太高太多，面对众多的追求者，她总是感觉他们不够完美，不是对这个人的这点不满意就是对那个人的那点不满意，最后把自己剩下，过着孤单的生活。而后者懂得该装傻的时候装傻，该装糊涂的时候装糊涂，对不该计较的地方懂得睁一只眼闭一只眼，所以得到了老公的宠爱和孩子的敬爱。

所以，我们说，做人一定要懂得"聪明反被聪明误，人生难得是糊涂"的道理，有时候对于不可能达到的程度，我们完全可以糊涂一下，退而求其次，不要过分地苛求自己，那样不仅让自己累，别人也会跟着你一起累的。有些瑕疵是人生中不可避免的，面对这种无法逃避的瑕疵，最好的做法就是装糊涂，因为只有在糊涂的感觉中，才会变得不那么难以忍受，才会让你以更冷静的眼光看问题，才会让你走得更远。

"糊涂"地对待朋友，朋友会更亲近你；"糊涂"地去做事情，才会更容易成功。"糊涂"是深刻理解的表现，是智者的行为。让我们一起"难得糊涂"吧！

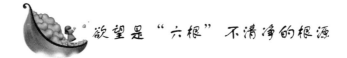

## 欲望是"六根"不清净的根源

何为欲望？佛曰："欲望是六根不清净的根源。"欲望多的人，贪心重，他们总是不满足于他手中所拥有的，往往是吃着碗里的想着锅里的。很多人认为这样的人才更容易"赢"，其实不然，这是因为他们把欲望和求胜心混为了一谈。

相较于求胜心，欲望更容易滋生"不择手段"的恶劣表现。不择手段的人在某些时候可以赢得胜利，但是那些不择手段的人往往太容易得不偿失，因为他们的内心往往会产生诸多的冲突与矛盾，而冲突和矛盾会将人置于不断的焦虑与烦恼之中，这绝非取胜之道。

有一位老太太每天都坐在街角叹气，无人答理她。一天一个和尚路过，见老人还在叹气，就上前询问缘由。老太太很郁闷地告诉他：她有两个女儿，大女儿嫁给了一个卖扇子的人，二女儿嫁给了卖雨伞的。下雨的时候她就为大女儿担心，担心她的扇子卖不出去；到晴天的时候她就担心那卖雨伞的女儿，怕她的雨伞卖不出去。所以，不论晴天雨天，她都很郁闷。

老和尚闻言，哈哈大笑，老太太很不解。

和尚笑罢，告诉老太太，她其实是在自寻烦恼。和尚让老太太转换一下角度：雨天，二女儿家顾客盈门；晴天，大女儿家生意兴隆。所以，无论天气如何，对于老太太来说都应该是好消息才是，又何必烦恼呢！

老太太听了老和尚的话，顿时烦恼全无。

　　故事中的老妇人由于贪求太多，想鱼与熊掌兼得才会烦恼。她不仅想让大女儿的扇子生意在雨天好起来，还想让二女儿的雨伞生意在晴天好起来，所以才烦恼不止。最终，在智者的开导下，她放下了心中的欲望，走出了烦恼的云层。其实，这个故事告诉我们，人生本没有烦恼，所有的烦恼都是由人内心的欲望所生。

　　因为有了越来越多的诱惑，我们心中的欲望就越来越多，为了满足自己，我们每天都在不停地捡拾，自以为装进去的都是好东西，殊不知捡起来的恰恰是无尽的烦恼。慢慢地，我们想要的越来越多，不知道满足。这些欲望，在得到时我们喜形于色，但是当得不到时，我们的内心就会变得沉重，从而产生烦恼。欲望越多，越难满足，心灵深处的不安和愤怒之火就会越旺盛，最终会将自己推向地狱的深渊。所以，当你充满了"赢"的欲望时，反倒离输不远了。

　　有位哲人曾经说过："做人不要欲望太多，试问，一百年后，哪一样还会是你的呢？"哲人说得太对了！那些我们苦苦追求，拼命得来的东西，到最终又有哪一样才是属于自己的呢？还不是赤裸裸地来到人世，赤裸裸地离开人世？什么是生命的真谛？只有快乐才是生命的真谛，才能让我们生命恒久地拥有。而什么让你不快乐？是欲望让你不快乐，欲望是烦恼的根源，所以也可以这样说，是欲望让我们迷失了生命的真谛，是欲望让我们活得这样辛苦。

　　因此你要记住，心中多一份悲伤，生命就会多一份痛苦；心中多一点阳光，生命就会多一些快乐。心灵的负担越重，生命的脚步就越慢，以致最终因不堪重负而停止。所以，我们要多多放下心中的欲望，不要让心灵承载太多的负累，最终才能让自己获得恒久的快乐。

　　可能有人会这样问：如果完全没有欲望，人类如何进步呢？的确，我们不能完全否定欲望，我们也承认欲望有它积极的一方面，但是整体来说是弊大于利的。可以这样说，欲望是人类进步的原动力，因为人类的进化就是缘于这种欲望。我们人类的祖先就是为了追逐食物，才从树上下来，继而才学会了打造工具，才不断地由猿进化成人的，所以，我们不能因为欲望能产生烦恼，就坚决扫除一切欲望，这是不符合人之常情，也是不符合事物的发展规律的。但我们应该懂得的是，我们要做的不应该是灭绝自己的渴求，而是要分清什么是无理的欲望，什么是我们该坚持下去的追求。如果把无理的欲望当做自己的毕生的追求，则会给自己带来不小的痛苦。

惠兰是一个都市白领，高学历，高收入，人长得十分漂亮，可以说是比较完美的人了。但是有一点，她欲望太多，太虚荣。为了赢得同事的称赞，她每天都把自己打扮得花枝招展。而在这一片赞扬声中，她的虚荣心越发膨胀起来，为了更引人注目，她不惜花大笔的钱去购买名贵的珠宝、名牌服装、高档箱包……但她的收入毕竟有限，对时尚物质追求的强烈欲望，让她负债累累。

她也反省过自己，超负荷地购买名牌似乎也没让自己真正开心过，她也想快乐起来，但是，这种欲望却让她欲罢不能。

由于内心的负担过重，原本漂亮的惠兰也憔悴了许多，生活失去了乐趣，对工作也丧失了兴趣，时常唉声叹气，人也变得悲观厌世。她甚至不知道自己该如何是好。

其实，白领丽人的惠兰本应该过着轻松快乐的生活，但是就是因为心中越来越多的欲望压得她喘不过气来，自然也无法品尝到人生的乐趣。

被欲望毒害的大有人在，特别是在现在这个灯红酒绿的花花世界中，我们很容易被太多的欲望牵着走。当我们得到了一段美好的感情之后，我们又去想拥有一个美满的家庭，但是当拥有了美满的家庭的时候，又想有一个可爱的孩子，然后等等，总之，就是不知道满足。就是因为这些无止境的欲望，使我们的心灵承载了太多的负担，永远没有停歇下来的时候。"累"字往往成了我们不论是聊天还是工作中必谈的话题，活着感觉累，死又死不起，只好在这欲望的深渊中挣扎不止，不知何时才能解脱！

可能有人会说他们觉得累是因为欲望太大了，而我对生活的要求很低，但是为何还会感到累呢？下面我给你讲个故事，答案就在其中。

在一次心理学讲座上，一位心理学教授拿起一杯水，然后问他的学生水的重量。学生们异口同声地告诉他 100 克。教授微微一笑，接着问他的学生，他们可以将这杯水端在手中一直持续多久。很多人都笑了，认为区区 100 克，拿多久都没问题。

这次教授却没有笑，他严肃地告诉学生们，拿一分钟，大家肯定会觉得没有问题；拿一个小时，大家可能会觉得手酸；如果拿一天，甚至拿一个星期呢？那可能就得去医院了。但是假如你能适时地放下水杯，休息一下后再拿起，那么就能持续得更久。他还告诉学生们，这个道理就如同我们内心不断积聚的小小的欲望，不管它有多小，时间一久，终将会成为心灵的沉重负累。

教授讲这个故事的目的就是要告诉我们，适时地放下自己心中的欲望，让自己的心灵能有时间好好地休息一下，如此才能让自己活得更好，因为欲望才是这一切不幸的根源。

欲望就如同长时间端着水杯一样，刚开始没有什么感觉，然后越久越堆积成大的隐患，慢慢地不断膨胀，最终成为了我们心灵的负累。所以，不管在任何时候，都要记得心怀知足，不苛求完美，要适时地放松自己，只有这样才能让自己走得更远。这也如同一张弓，当它被拉开之时，弦不可以绷得太紧，否则就容易绷断。而只有恰到好处，不紧不松，箭才会在一个最佳角度射出，最终射向目标。

其实人生又何尝不是如此，在人生的旅途上，我们经常会被路边的各种美丽事物所诱惑，我们便毫不犹豫地将这些美丽的诱惑装入行囊，不断地装，结果被沉重的行囊压垮。这些美丽的诱惑就是我们所说的欲望。正确的做法应该是，我们要不时地放下行囊中不需要的东西，轻装上阵，只有这样，我们才能让自己走得更远，飞得更高，活得更精彩。

那么，我们应如何去做呢？

首先，我认为，要给自己树立一个合情合理的目标，即不要把目标定得太高，这样容易丧失你的斗志，一旦实现不了，烦恼自然就来了。但是也不能太低，太低的激不起你努力的热情。

其次，要把握好实现自身欲望的手段和方法。我们不否定欲望，但我们一定要用正确的方法光明正大地去获得我们想要的，一定不能侵犯他人的利益。如果，你的方法和手段不正确，那你必将受到应有的惩罚，烦恼自然不会少。

最后，你要懂得，实现欲望要懂得分享。你要知道不懂得分享的人，他的路是不会走很远的，因为一个人的能力毕竟有限，而且，在很多情况下，分享成果的过程，也是让他人为你分担烦恼的过程。所以，不管在任何时候，一定要懂得分享。只有懂得分享，才会将欲望掌控在合理状态。

总之，欲望是烦恼产生的根源，没有欲望，也就没有烦恼。但是我们毕竟是人不是神，所以或多或少都会有欲望，但是，我相信，只要我们把握好"度"的问题，就不会被欲望牵着鼻子走！

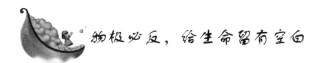 

## 物极必反，给生命留有空白

所谓的"给生命留有空白"，指的是一种智者的生存状态，一种智者的生活方式。

一个完整的人生，一个精彩的生命必须拥有丰富的过程。人的生命本该追求"充实、美满"，但是，物极必反，太多人想要让自己的生活有更多的内容，到最后却发现，原来过于复杂的生活让自己迷失了方向，进而输得一败涂地。那些生命中看起来有些许空白的人，因为他们有更多的时间去思考自己的方向，反而却赢得了最终的成功。

比如著名的美国克利夫兰交响乐团音乐指挥大师赛尔曾经对读者说，他最喜欢的动物就是狮子，为什么呢？因为他发现，跟永不知道满足的人类相比，狮子最懂得空白的妙处，它简直就是一位睿智的哲学家。

赛尔说，给他印象最深的不是狮子如何勇猛格斗、如何疯狂捕食，而是它吃饱肚子后与世无争、懒洋洋打瞌睡的样子，因为此时，就算有美味猎物从它眼前大摇大摆地走过，它眼皮都不会抬一下，更不会为之所动。因为此时它已经酒足饭饱，不再需要食物了。也就是说，狮子一点儿都不贪婪，它懂得满足和知足，甚至可以说，它懂得给生命留一点空白。这就是赛尔最喜欢狮子的原因。

　　与动物相比，我们人类最大的缺陷就在于任何时候都沉迷于自己的贪欲之中，人根本就没有"吃饱"的时候，对于各种各样的贪欲，人类永远都只会一句话："多多益善，多多益善！"更有甚者，叫嚷着反对物质上的贪欲，崇尚精神上的富足，却执著地追求更多。

　　其实，我们应该给自己的生命留有余地。就像优秀的画家不会把画涂得太满，因为他懂得艺术需要留有空白的想象空间；优秀的建筑家不会把楼盖得太挤，因为他懂得建筑需要空白的居住环境；优秀的教师不会一节课都在讲课，因为他懂得，知识需要空白的时间去消化。他们都懂得，只有留有空白，才会充分享受生命的真谛。

　　崇尚精神上的富足，又何尝不是一种变本加厉的贪欲呢？所以，当你下次跌到"多多益善"的陷阱中时，记得退回来重新来过。记住要感激你所拥有的一切。因为，生命需要摒弃多多益善，留有空白。

　　留点空白，用来仰观宇宙天地，俯视人间性灵，认识宇宙，认识自然，认识人类，认识自己。

　　留点空白，用来享受阳光，晾晒心情，烘干潮湿，化去霉点，让心情带上阳光的馨香，让笑容留下阳光的灿烂；用来欣赏月亮，让一地清辉平息内心的喧嚣，让满堂皎洁摒退黑夜的罪恶，让素淡朦胧营造一份空灵之美。

　　留点空白，用来拥抱自然，可以青山漫步，绿水泛舟，镜湖垂钓，领略陶渊明"采菊东篱下，悠然见南山"的意境况味；可以驰骋塞外草原，欣赏大漠孤烟，仰望雪域高原，驻一腔豪情于心，逐俗情浊气于无形。

　　留点空白，用来盛放情感。老父老母盼我们常回家看看，幼小的孩子害怕父母太忙，亲情与天伦永远是我们心中最柔软的地方。爱人之间如果不留空白，再热烈的爱情也会销蚀成可怕的荒原。朋友之间如果不留空白，再高山流水的友谊也会灰飞烟灭。

　　还要留点空白，用来自舔伤口，修补心灵。在这个物欲横流、尔虞我诈、争名夺利、精神缺席的现实社会中，脆弱的心灵难免受伤、残缺甚至破碎，留出空白，让伤口愈合，然后重新慢慢滋长出茵茵绿草，开始新的生活，人生就是这样的一个个过程。

第九章　大度包容：放下输赢，放宽心胸

197

别让生活的重负愚钝了我们的感官，别让生命的沉重麻木了我们的心灵，给生命留点空白吧，只有保持敏感的生活触角，坚守诗意的生活态度，追求文化的生活品位，才能从真正的意义上感悟人生。

其实，"留有余地"这四个字我们都懂，但是为什么做不到呢？就是因为我们的欲望过多。因为我们的欲望无边无际，所以我们常常不知满足，总是在追求，认为将时间利用得越紧凑，自己的日子就越没白过。

欲望最终驱使我们不知疲倦地盲目前行，却忘了给自己留下一点可供支配的空白时间。在茫茫尘世中，人的欲望越多，越难满足，心灵深处的不安和愤怒之火就会越旺盛，最终会将自己推向地狱的深渊。

曾经在书上看过一个小故事，讲的就是欲望导致烦恼的道理。

从前深山中住着一户穷苦人家。母亲要儿子去打油。离开前，母亲细心地嘱托儿子千万不要把油洒出来浪费掉。

儿子心想路途遥远，不如一次性多买点，所以他到了油店就买了满满的一瓶油。结果，因为油瓶装得太满了，他走路时尽管十分小心，结果还是流掉了很多。

母亲很生气，儿子也很难过。站在一旁的父亲了解情况后，就让儿子第二天再去买一次油，但是父亲要求这次买只装一半。儿子照做。

因为这次是半瓶油，无论如何也流不出来了，于是儿子心情极为轻松。在回家的途中，他还满心喜悦地欣赏路边的风景，最后到家时瓶里的油还是装得好好的，一滴都没有损失掉。

就像这个打油的孩子一样，你越是喜欢自己的"油瓶子"里满满当当，就越容易失误，越容易让自己的人生变得毫无所得。

其实，人生就像爬一座山，本来是到山顶看风景的，可身上背负着各种各样欲望的包袱，欲望越多越爬不上去，别说险峰上的无限，风光无缘尽览，就连欣赏沿途景色的快乐心情也荡然无存，欲望的包袱最后却演化成了物质和精神上的双重负担，最后弄得身心疲惫，得不偿失。

别让欲望填满自己整个生命，给人生留下一点空白，你会发现，原来许多事情，会在不经意之间被解决。

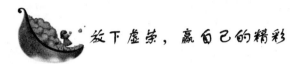

## 放下虚荣，赢自己的精彩

世上最累人的是什么？不是自己的境遇太差，也不是眼前的难题太大，而是自己"比不上别人"这种心态所致。这就是我们通常所说的虚荣心。

因为我们要和别人攀比，所以就有了虚荣倾向。太多人活在"比较级"的世界中，把自己的快乐建立在与人攀比的基础之上，别人不如自己，即使当下的遭遇再悲惨，也觉得无所谓；自己比不过别人，即使生活在蜜罐里，也感觉有所不足。和别人比输赢，已经成了这部分人生活的主旋律，完全不从客观上判定自己到底是输了还是赢了。

《圣经》上记载过这样一个故事：

天国有一个葡萄园，园主清晨出去为自己的葡萄园雇工人采摘葡萄。在第一个时辰，他出去了，他与工人议定一天一块钱，就把他们带到葡萄园里劳动。

在第三个时辰，他又出去了，在街上看见有些人闲站着，于是也以一块钱一天的价格将他们雇佣到葡萄园。

在第六和第九个时辰，他又出去，也是如此。

在第十一个时辰，他仍旧出去，又带回了一些人去他的葡萄园。

到了晚上，葡萄园的主人告诉他的管事人给他们分工钱，但是得由最后的开始，直到最先的。

所以，那些在第十一个时辰来的人，每人领了一块钱。

那些最先雇的人，以为自己必会多领，但他们也只领了一块钱。

于是，那些最先雇的人一领到钱，就开始抱怨葡萄园主不公平，抱怨那些最后雇的人只工作了一个时辰，而他们已经受苦受热地劳动了一整天。

葡萄园主很平静地回答了他们，他告诉那些雇农他并没有不公平，也并没有亏待他们，因为之前说好的就是一天一块钱，而给多给少是他自愿的事，他们管不着，因为决定权在他的手里。他反击那些人，难道不许他拿他所有的财物，行他所愿意的事吗？难道他对别人好，对你不好，你就不平衡吗？

许多时候我们感到不满足和失落，仅仅是因为觉得别人比我们幸运！如果我们安心享受自己的生活，不和别人比较，在生活中就会减少许多无谓的烦恼。

生活中的许多烦恼都源于我们盲目和别人攀比，而忘了享受自己的生活。就如《牛津格言》中说的那样：如果我们仅仅想获得幸福，那很容易实现。但，我们希望比别人更幸福，就会感到很难实现，因为我们对于别人幸福的想象总是超过实际情形。因为人各有所长，各有所短。我们既不能专门以己之长，比人之短；也不应以己之短，比人之长，这样的比较只会给自己徒增烦恼，也就是俗话说的给自己找不自在。而只有懂得享受自己的生活，不与他人相比的道理的人，才是生活的智者，才是懂得生命真谛的人。

成功学大师奥格曼狄诺曾经指出："对幸福和快乐最普遍的和最具破坏性的倾向之一，就是一味地攀比贪婪，而不懂得享受自己的生活。"我们总是在不断地与他人相比竞争，这样我们的不满足感就越来越强烈，然后愈演愈烈，形成恶性循环，最终无法得到幸福。

有一天，国王独自到花园里散步，令人不解的是，花园里所有的花草树木都枯萎了，只有细细的小草在茂盛地生长。

国王不解，招来园丁问个究竟。

园丁告诉国王事情是这样的："园子里的橡树觉得松树高大挺拔，而自己盘根错节，个子矮小，郁闷而死；松树看见葡萄开花结果、硕果累累、压满枝头，而自己却光秃秃的、一无所有，也轻生而死。而葡萄呢？却哀叹自己终日匍匐在架上，不能直立，不能像桃树那样开出美丽可爱的花朵，最后也死了；桃树呢，又叹息自己没有紫丁香那样的芬芳，也相继死去；其余的植物也都垂头丧气，没精打采，半死不活的。"

国王更加不解，为什么小小的草却如此茂盛地生长？于是。国王俯下身来问小草，为什么别的植物全都枯萎了，而它们却这么勇敢乐观，毫不沮丧呢？

一阵微风吹过，小草们点头微笑，它们告诉国王，因为它们知道安心享受自己的生活，不和别人比较，那样才会活得快乐心安。

国王深受启发，此后更加懂得享受生活了。

与人攀比，即使能够获得一时的愉悦，但总归不是自己的幸福。只有为了自己而活，才算是真正地赢得了生活的胜利。

那么，如何让自己摒弃与人攀比的恶习呢？

首先，让自己安静下来，享受孤独。因为孤独会使我们给自己提供一个宁静的空间来享受独处的欢乐，来整理往事、展望前程，来想象出类拔萃的美好生活，从而能够使自己对自己的追求更加有动力。同时，孤独能够滋润我们的个性，休养我们的心性。

深思，使我们懂得事情的真正意义，使我们在反省中看见自身的不足，从而把自己准备得更加充分，更能够应付紧凑的生活。

其次，要乐观，不自怨自艾面对一切，要看得很淡。你要相信相对于整体而言，损失的不过是小小的局部。智者不会不能释怀，不会老是对自己怨艾和指责，知道谁都有犯错的时候并宽恕自己和他人。同时，应该采取积极的行动来挽回损失，满心喜悦地做着自函能力范围内的事。

让我们心怀感恩之心，努力地享受自己的生活吧！虽然有时生活会像一杯白开水，但你一定要相信，是杯中水一定会越品越甜。虽然生活有时会像一杯苦涩的咖啡，但你一定要相信，怀着欣赏的心态去品，你一定会越品越香。虽然生活有时会遭遇挫折，但你一定要相信，只是天使暂时离开，你一定会成功的。

你永远都不要放弃生的希望，享受生活的乐趣！你要庆幸当你饥饿时，有人会为你做饭；当你生病时，有人会为你着急；当天气转凉时，有人会提醒你加衣；当你遭遇困难时，有人能为你献上一份力；当你哭时，有人会为你细心地擦眼泪；当你笑时，有人能陪伴你左右。你能听到鸟语，嗅到花香，你能看见高山流水，奔腾不息；你能行走天地间，行侠仗义，你能帮助别人或受人帮助；你能与人交流，回报社会。林林总总，难以数清，这些其实都是生活中

201

的乐趣。

那么你还犹豫什么呢？带上享受的态度上路吧，你会发现处处阳光灿烂，鸟语花香，甘泉凛冽，美酒醇香，一切的一切，都是那么的美好！

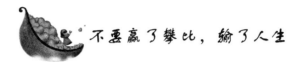
不要赢了攀比，输了人生

在现实生活中，我们判断成功的标准开始发生变化。那些能够发财致富的人受到人们的普遍肯定，而没有发家致富的人就被看成这个社会的落伍者。但是，发家致富的人毕竟是极少数，大多数人还是过着平常的日子。在这种情况下，我们每个人的内心世界或多或少都有一些不平衡心理，诸如某人赚了钱，某人升了官，某人买了车，某人盖了别墅……

生活中的我们常常很在意自己在别人的眼里究竟是一个什么样的形象，因此，为了给他人留下一个比较好的印象，我们总是事事都要争取做得最好，时时都要显得比别人高明，无形中给自己施加了压力。在这种心理的驱使下，人们往往把自己推上一个永不停歇的痛苦的人生轨道上。如果你追求的幸福是处处参照他人的模式，那么，你的一生都会悲惨地活在他人的价值观里。

或许，攀比是人的一种天性，联想的天性。看到人家好，人家强，凡夫俗子哪个不心动？就算是道人法师，也要念三声"阿弥陀佛"，才能镇住自己的欲望和邪念。生活的差别无处不在，而攀比之心又难以克服，这往往会给人生加压。但是，假如我们能换一种思维模式，别老是抬着脑壳往上瞧，专拣自己的弱项、劣势去比人家的强项、优势，比得自己一无是处，那样多累！我们应该把眼光放低一点，学会理性地分析生活，这时你也许会发现，其实，终其一生，生活对每一个人都是公平的、公正的，没有偏袒。人生是一个由起点到终点，短暂而漫长的过程，在这个过程中，每个人所拥有和承受的祝福寿禄、喜怒哀乐、爱恨情仇都是一样的、相等的。这既是自然赋予生命的规律，也是生活赋予人生的规律，只不过我们享用、消受的方式不同，这不同的方式，便演绎出不同的人生。

我们从下面珍妮的人生轨迹中，不难看出她是怀着怎样的心态，行走在自己的人生道路上的：

有一天下午，珍妮正在弹钢琴时，7 岁的儿子走了进来。他听了一会儿说："妈妈，你弹得不怎么样吧，不然，邻居怎么都不听了呢？"

不错，是不怎么高明，不过珍妮并不在乎。多年来珍妮一直这样不高明地弹，弹得很高兴。

珍妮也喜欢不高明的歌唱和不高明的绘画。从前还自得其乐于不高明的缝纫，后来做久了终于做得不错。珍妮在这些方面的能力不强，但她不以为耻。因为她不是为他人而活，她认为自己有一两样东西做得不错就可以了。

生活在这个大千世界里，每个人都有自己的个性和特色，每个人都有适合自己的生活空间。而一味地羡慕和攀比，等于是抛弃自己的个性和特色，没有"特色的"自己，何谈魅力？肤浅的羡慕，无聊的攀比，笨拙的仿效，终日活在他人的影子下，处处幻想成为他人，就是没有自己，这是羡慕和攀比的悲哀。

虚荣心是人性与生俱来的一个特点，尤其在一个讲究"包装"的丰十会里，我们常常禁不住与别人比较，然后羡慕别人光鲜华丽的外表，总对自己不如别人的地方耿耿于怀。

我们看到别人穿得比我们好，就拼命攒钱买漂亮衣服，以求在人面前不会低人一等；我们看到别人比我们的房子大，就勒紧腰带，心甘情愿地当上二三十年的"房奴"；别人去了一趟"新马泰"，我们为了显示比人家更有钱更懂情趣，马上报名欧洲十日游……好像我们生活并不是为了自己活得好，而是为了比别人活得好。为此，我们常常要付出巨大的代价，尤其是当虚荣心强烈时，罪恶便有了滋生的温床。

在虚荣心的驱使下，人们为了追求面子，往往会不顾自己的现实条件，不择手段，甚至走上犯罪的道路。虚荣心泯灭了一个人原先善良美好的品性，也葬送了原本快乐幸福的生活。正如法国哲学家柏格森所说："虚荣心很难说是一种恶行，然而一切恶行都围绕虚荣心而生，都不过是满足虚荣心的手段。"

再如，当父母的好像都喜欢拿自己小孩的表现跟亲朋好友家的小孩作比较，无论是才艺、功课，什么事都可以拿来比，比来比去，都是"你看看别人家的小孩……"等话语，如此这般，好像小孩念书求学不是为自己，而是为了比过别人家的小孩。

其实，不管别人怎么样，我们都不用去羡慕他人的东西，自己能得到的是什么就是什么，为何要和他人攀比呢？攀比后又能怎么样？因为别人的好而郁闷，还是因为自己的好而取笑他人？两者都没有意思，不是吗？

也许每个人多多少少都会与别人比较：比别人强，我们就会很1斤心，很有优越感；比别人差，我们就会很羡慕。盲目地想与人看齐，这种情况又占了大多数。实际上，这种比较都是片面的，而且是没有意义的，因为你总是看到其中的一面从而忽视了另一面。

沉湎于对别人的羡慕中的人们，通常有着这样一个共同的特点：他们总是用自己的短处与别人的长处相比，觉得自己不如别人，有时候就越比越生气，越比心理越不平衡。其实这又是何必呢？过自己喜欢的日子就好了，何必要以别人当参照物呢？别人的功成名就、纸醉金迷、别墅名车，不一定就是你的快乐所在；别人所掌握的技术、拥有的能力也不一定是你一定要学通学精的。

每个人的社会分工不同，你也在很多方面比别人强。我们羡慕许多人的技巧与成就，他们也羡慕我们的技巧与成就。每个人都有自己独特的技巧、才能与经验。这些不同，并不表示你不如别人，或别人比不上你，你们之间的差别只是经验不同、得意之事不同而已。

有人薪金丰厚、月入数十万，却因劳累过度而患病；有人事业发达，感情历程却是坎坷难行；有人才貌双全，但家庭负担太大；有人家财万贯，却是子孙不孝，钩心斗角……每个人的生命，都被上苍画上了一道缺口，每个人都各有优劣势，不可能事事第一。

俗话说："人比人，气死人。"你还在以和别人比的方式气自己吗？赶快放弃那些无意义的比较吧！也许，在某些方面，你也是被人羡慕的对象呢！

　　别再盲目攀比了，凡事只跟自己赛跑，日子才能在一天比一天进步的快乐中度过。如果把别人眼中的标准当成自己生活的尺度，你就会永远生活在别人的阴影里，因为你永远达不到他人的高标准。

第九章　大度包容：　放下输赢，放宽心胸

205

# 第十章　谦和淡定：赢得人生的精彩

　　关于谦和，道教创始人老子就曾经这样夸奖孔子：
"君子盛德容貌若愚。"意思就是说：品德高尚的君子，
总是显得谦恭、和善。

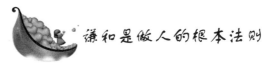
## 谦和是做人的根本法则

关于谦和，道教创始人老子就曾经这样夸奖孔子："君子盛德容貌若愚。"意思就是说：品德高尚的君子，总是显得谦恭、和善。

谦和是做人的根本法则。那么，到底什么是谦和呢？谦和是一种处世态度，是一种美德；也可以说是一种处世的策略，一种智谋。

因为只有心中怀有谦和的心态，才能不断地努力打拼，努力地实现自己的人生价值。

同时，也只有心怀谦和的人，才能妥善地处理好自己与他人的关系，得到别人的关照和器重，从而为将来的事业打下良好基础，达到你所追求的目标。

有这样一个关于"谦和受益"的传奇故事：

西汉开国名臣张良一天清晨在沂水圯遇到一位老翁，张良上前施礼。恰好老翁的一只鞋子掉在桥下，老翁呵斥张良让他帮自己捡鞋，语气相当蛮横。

张良本要发怒，但转念一想，老人已是一大把岁数，遂于心不忍，帮他把鞋捡了回来。可是，当张良把鞋子递与老人时，不料老人伸出脚让张良帮他穿上。张良忍住怒气，恭恭敬敬给老人把鞋穿上。

可是，没想到老人又故意把鞋蹬掉桥下，让张良又去捡来给他穿上。这样折腾了三次后，老人微微一笑，站起身下桥便去。

张良愣了半天，觉得老人不通情理，竟然连声称谢的话没说。觉得这位老人古怪离奇，便决定跟在他身后，看他行往何处，作何举动。

大约走了半里多路后，老人回头朝张良招手微笑，决定收张良为徒。张良一听，赶紧跪在地拜师。于是，老人要张良五日之后，在此会他。

五日后，张良按约定原地迎候老人。结果老人已先他在此。

老人气愤地罚他五日后再见。

又过五日，张良一闻鸡鸣，便即前往，可是老人又已先到，仍旧责他迟到不敬，要他再过五日，准时来会。

又过了五日，张良一夜未敢睡，刚过黄昏，便去等候老人。这次终于比老人先到。老人很是满意，取出一书交给张良，然后扭头便消失了。

此书即为《太公兵法》，而这个老人就是黄石公。

黄石公本为秦汉时人，后得道成仙，被道教纳入神谱＝据传黄石公是秦末汉初的五大隐士之一。

《史记·留侯世家》称其避秦世之乱，隐居东海下邳。黄石公三试张良后授予《太公兵法》，并于临别时有言："十三年后，在济北谷城山下，黄石公即我矣。"

从此，张良不分昼夜，苦读不舍，后来以黄石公所授兵书助汉高祖刘邦夺得天下。并于十三年后，在济北谷城下找到了黄石公。

张良的放事就是说明了保持一颗"谦和"之心是多么重要，因为"谦和"会在一个不经意间为我们带来人生的转机。

但是在现实中，一些人的"谦和"多少有虚伪成分，因为他们把谦和当做一种策略，一种谋求同情和请求帮助的策略。他们将自己的欲望隐藏起来，就像一个富足的人却持大碗身着破衣向人乞讨一样。

为什么会出现这种情况？我认为原因有两个，其一是因为想要得到某种利益而又不能公开争取，其二是想要得到一个不计名利的好名声，所以，假装"谦和"，时刻对人对事戴上虚伪的面具。

但是可悲的是，最后面具变成了脸，结果连他自己也分不清哪一个是真正的自己了。

当然，如果你的谦和是发自内心的，那自然再好不过。

当你真正成为一个谦和的人，你才是一个真正完整的人。因为当你懂得了谦和的时候，你在日常的待人接物时就能做到温和有礼、平易近人、尊重他人，就能善于倾听他人的意见和建议，就能虚心求教，取长补短。

而且对待自己也更有了自知之明，在成绩面前就不会居功自傲；

209

在缺点和错误面前也不文过饰非，而能主动采取措施进行改正。

谦和是成功的法宝，是胜利的诀窍，不论你从事何种职业，担任什么职务，都只有谦虚谨慎，才能保持不断进取的精神，才能增长更多的知识和才干。

谦虚谨慎的品格能够帮助你看到自己的差距。永不自满，不断前进可以使人冷静地倾听他人的意见和批评，谨慎从事。

否则，骄傲自大，满足现状，停步不前，主观武断，轻则使工作受到损失，重则会使事业半途而废。

下面的居里夫人的故事，就是对谦和最好的诠释。

一天，居里夫人的一个朋友到她家里做客，朋友的孩子无意间看到了摆在柜台上面的一枚金质奖章，产生了好奇，想要拿下来玩。

这可不是一枚普通的奖章，而是英国皇家协会颁给居里夫人的，能够得到皇家协会的认可，对大家来说可是至高无上的荣誉。

但是小孩子哪里懂得这些，一味要玩。朋友当即斥责孩子。

这时，居里夫人阻止了她的朋友，拿下了那枚奖章，放到朋友孩子的手里。同时告诉她的朋友，奖章只能代表过去的成绩，而人绝不能永远守着过去，否则就将一事无成。

居里夫人始终保持一种对事业的谦和的态度，她并不因为取得了巨大的荣誉就高高在上，而是胜不骄败不馁地面对所有一切。

也正是在这种谦和的品格的影响下，她的女儿和女婿也踏上了科学研究之路，并再次获得了诺贝尔奖。

可见，谦和能使一个人面对成功、荣誉时不骄傲，相反把它视为一种激励自己继续前进的力量，而不会陷在荣誉和成功的喜悦中不能自拔。

总之，谦和是我们人生的第一处世原则。只有保持谦和之心，人生之路才会越走越宽，越走越光明。

**虚心者才是真正强大的成功者**

关于虚心与心虚，成功学大师卡耐基曾经做过很好的诠释，他说："成功的人往往都很低调，因为他们自信，所以选择虚心；只有失败的人才去张扬，因为心虚，所以需要靠搞掉对方来掩饰。"

这句话揭示了一个道理：越是外表看起来张牙舞爪的人，他们的底气其实越不足。而那些看起来"与世无争"的虚心者，才是真正强大的成功者。

虚心的人自信自己的所作所为，所以往往都很低调，而心虚的人往往内心有鬼，所以总是靠张扬来掩饰内心的慌张，结果往往适得其反，更加显示了他的不安。

名震世界的美国南北战争后期任联邦军总司令的格兰特将军，在消灭了南方的军队凯旋后，全国人民为他高奏凯歌。

此时。如果他想要借此来炫耀自己的自傲的话，实在是一个好机会，而且没人敢对此指手画脚。

因为经过一番苦战之后，南方的军队崩溃了，胜利属于他。他的对手，一位叫做"李"的将军却不得不在阿坡马托克斯县的审判庭里签下他的受降书。

在受降仪式上，李将军还是穿着完整的军服，而且是全新的，腰上佩着一把宝剑，应该是弗吉尼亚省政府赐予他的那把剑。

而格兰特将军穿的却是满身污渍的旅行服，并且是向一位士兵借的衣服，衣服肩上还戴着陆军中将的条子，因为只有这件衣服是完整的了。

从外表上来看，失败者似乎更加"理直气壮"，而作为成功者的格兰特将军却更显得低调。

但是他能够在面对战败的对方首领时，不去骄傲地炫耀自己，而是谦虚地接受对方的投降，甚至用欣赏的眼光发掘对方的优点，这正是他为人的成功所在。

可以说，古今中外的成功人士，都有一个显著的共性，那就是懂得虚心，他们一般都很谦恭。

其实他们有资本去骄傲，因为他们的成就自然会替他们宣扬。但是他们都是选择虚心地走自己的路，谦卑而柔韧地实现自己的理想。

因为他们都懂得，如果你对自己能否取得成就，或者能取得多大的成就还有所怀疑，也还不知能否得到他人称赞的时候就开始自吹自擂，那其实就是在吹牛。

如果一个人真正值得大家去称赞，那就根本没必要去自大，否则就是浅薄了；而一个浅薄的人是根本不可能取得成功的，也是根本不值得受人尊敬的。

美国上议院有个议员叫迪普，他为人谦虚正直，面对升职仍能保持清醒的头脑，不骄傲自满。下议院的一个老仆人曾经这样对别人说起迪普，他说他在下议院里干了三十多年活儿，见过形形色色的人，但是还没见过像迪普这样即使从一个议员一下子当了部长，也丝毫没有改变他说话的态度和语气。

事实上，迪普本人也极其反感他人的夸大赞扬。当他让出议长之职以拥护林肯政府时，一般人看来他应该受到何等热烈的欢呼和称赞，而他却低调地否认一切，并且善意地批评了别人对他的夸大赞扬。因为那时虽然迪普还很年轻，头脑却很清醒，他懂得谦虚的道理，所以并不因为别人对他夸张的称赞而自高自大。

迪普不仅仅是一个虚心的人，甚至会对别人的夸奖避之不及，这既是一种境界，也是一种生活的智慧。

虚心的人在众人面前似乎总是不如心虚的人那样盛气凌人，但是他们赢得的却是更多人的尊敬和最终的成功。孰轻孰重，相信所有人都一目了然。

当你懂得远大的目标不可能一时间达到的时候，你就会懂得保持谦卑之心是多么重要了！

因为此时，你的小小成功只是万里长征的第一步而已，比起你未来的宏伟蓝图，这才只是一个小小的跬步而已。

懂得了这些，当面对眼前的小成功的时候，你就会觉得根本没有什么值得夸耀的，面对别人的称赞时，你就不会因此而沾沾自喜了。

如果你取得了小小的成功，便把尾巴翘到天上去，那你就准备着迎接失败吧。

即便你做出了小有成就的事，也不能自以为是，而应该把自己的眼界放得更宽广些。否则，这种自大将会阻碍你进一步取得成绩，你就光顾欣赏自己的尾巴而忘记了前方的路了，最后，你只能可悲地死在羽化的途中了。

虚心是实现你的远大目标的最有效的助推剂。朋友们，带上虚心的心态上路吧！

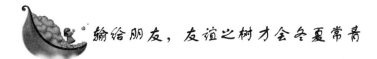

## 输给朋友，友谊之树才会冬夏常青

朋友也是需要面子的。

但是，许多人却常常在不经意间就得罪了自己的朋友，因为他们在生活中常常抢朋友的风头，处处表现得比朋友更优秀。这样的做法最终会让自己失去朋友。

法国哲学家罗西法古说："如果你要得到仇人，就表现得比你的朋友优越吧；如果你要得到朋友，就要让你的朋友表现得比你优越。"

此话一语中的，真实地点明了生存和成功的真谛。

因为生活中就是这样，比如当我们的朋友表现得比我们优越，他们就有了一种重要人物的感觉，我们在无形之中就会对其产生反感；当我们表现得比他还优越，他们就会产生一种自卑感，造成羡慕和嫉妒，也可以说这是人之常情。

世界上的许多著名成功人士如卡内基等人，就是牢牢抓住了人类的这个共同心理，才取得了举世瞩目的成功。

亨丽塔是纽约市中区人事局最得人缘的工作介绍顾问，但是过去的情形并不是这样，甚至可以说糟糕得很。在她初到人事局的头几个月当中，亨丽塔在她的同事之中连一个朋友都没有。

为什么呢？因为每天她都使劲吹嘘她在工作介绍方面的成绩、她新开的存款户头，以及她所做的每一件事情，她曾经毫不掩饰她的骄傲之情。但是，却没有人愿意接近她。

亨丽塔感到很苦恼，于是向她的老朋友诉苦。

老朋友在听完她的整个经过后，只是告诉她一句话，要她懂得让她的朋友表现得比她优越。

亨丽塔牢牢地把这句话记在了心头，从此，她再也不骄傲地炫耀她的成绩了，只是在别人问起她的时候，她才轻描淡写地说一句她自己的成就。

慢慢地，她的朋友开始多了起来，同事也开始愿意跟她分享他们的喜怒哀乐了。

最后，亨丽塔成为了纽约市中区人事局最得人缘的工作介绍顾问。

我们在生活中应该懂得让自己的朋友表现得比自己优越的道理，只有懂得这点，朋友才会变多，人缘才会变好，理想才更容易实现。

哲学大师苏格拉底就曾经这样告诉他的弟子们："你只知道一件事，就是你一无所知。"

意思就是告诉我们做人要懂得谦卑，懂得让别人比你优越。也可以辩证地说，做人要懂得低调。

现实生活也同样如此。其实生活中哪有那么多的你对我错？面对双方的争执，你一个蔑视的眼神、一种不满的腔调、一个不耐烦的手势，都有可能带来难堪的后果。

你用这样的举动争执，你觉得对方会同意你的观点吗？绝对不会！

因为你这样做不但否定了他的智慧和判断力，打击了别人的荣耀和自尊心，同时还伤害了别人的感情，他们非但不会改变自己的看法，可能还要进行反击，结果适得其反：不但达不到你要的效果，甚至可能大打出手，反目成仇。

那么，正确的做法是什么呢？在和朋友相处的时候，你要多替对方着想，要时刻把朋友放在和你平等的地位，特别是当你的才学、

不怕输才会赢

相貌、家庭、前途等令人羡慕，高出你朋友一头的时候，你更要注意顾及朋友的自尊心，千万不要在朋友面前大露锋芒，表现自己，流露出你的优越感。

你要知道你的居高临下，有意炫耀，会让你朋友的自尊心受到严重的挫伤，作为他的好朋友，你于心何忍？

所以，在与朋友交往时，你要时刻控制好情绪，保持理智，虚怀若谷，把自己放在与人平等的地位，注意时时想到对方的存在。只有这样，友谊之花才能常开不败，友谊之树才会冬夏常青。

能够容忍别人，让他表现得比你优越，这并不是让你卑躬屈膝，而是一种宽容和大度，一种远虑的做法。

有一位年轻的律师参加一个案子的辩论，这是一个重要的案子，牵涉到一大笔钱和一项重要的法律问题。

但是在辩论的过程中，最高法院的法官犯了一个知识性错误，他说海事法追诉期限是六年，其实海事法是没有追诉期限的。

结果这个律师率直地指出了法官的错误，当时整个法庭内立刻静默，气氛很是紧张。

事后，这个律师再也没有得到过重用，他真是后悔不已！

其实，这位律师就是犯了一个"比别人正确的错误"。在指出别人错了的时候，他完全可以做得更高明一些，因为让你的朋友表现得比你优越就是给自己留条后路，而不让你的朋友表现得比你优越就是在让自己无路可走。

英国 19 世纪政治家德斐尔教导他的儿子："要比别人聪明，但不要告诉人家你比他更聪明。"

因此，我们对于自己的成就要轻描淡写。我们要谦虚，这样的话，永远会受到欢迎。

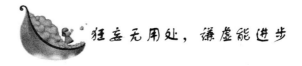

狂妄无用处，谦虚能进步

面对成功和胜利的时候，你的表现是什么样子的呢？你能够冷

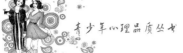

静地面对还是沾沾自喜，甚至面露狂妄之情呢？

那么让我告诉你，衡量一个人能否有所成就，关键一点就是要看他是否能丢弃狂妄。

福特公司的老总福特先生认为："许多人最终失败的原因，不是因为他能力不够，而是因为他取得了一定成绩之后便张狂起来。他们努力奋斗过，战胜过了无数的艰难困苦，凭着自己的意志和毅力，使许多看起来不可能的事情都成了现实，然而他们取得了小小的成功后，便经受不住考验了，然后慢慢下滑，以致最后跌倒。"

富兰克林在年轻时，曾去拜访一位前辈。

那时的富兰克林年轻气盛，挺胸抬头迈着大步，一进门，他的头就狠狠地撞在了门框上，疼得他一边不住地用手揉搓，一边看着比他身高低矮的门。

前辈看到他这副模样，不禁笑了起来，从屋子里走了过去，说："很痛吗？可是，这将是你今天来访问我的最大收获。一个人要想平安无事地活在世上，就必须时时刻刻记住'低头'。这也是我要教你的事情。"

富兰克林把这个"撞头事件"看成是这次拜访的最大收获，并把它列为一生的生活准则之中。

从此，富兰克林丢弃了以往的狂妄，最终成为功绩卓绝的一代伟人。

心高气盛，恃才傲物是年轻人的通病，他们总以为自己是鸿鹄，别人都是燕雀。眼睛总是高高向上，根本不把周围的一切放在眼里。

直到有一天，被眼前的"门框"撞了头，才发现"门框"比自己想象的要矮得多。

要知道，要想进入一扇门，就必须让自己的头比门框更矮；要想登上成功的顶峰，就必须低下头，收起狂妄，做低姿态，才好向高处攀登。

一个人，只有站在低处，才总是高高抬着头，因为他脚下什么都没有，他只能往上看。

许多人都知道，朱元璋最终能一统天下，靠的就是"高筑墙、广积粮、缓称王"的大战略，而这大战略的核心精髓就是从下往上看，避免"狂妄"。

元朝末年，朝廷内部的权利之争日趋激烈，吏治越发腐败，各地农民纷纷揭竿而起，形成了一股股激荡的反元大潮，朱元璋便在其中。

朱元璋所在的那一路起义军，开始时力量弱小，朱元璋既要与政府军周旋，还要防范被势力强大的义军吞并，处境十分危险。当时，各路义军首领纷纷自立为王，但是朱元璋决定"缓称王"。

这是一种非常高明的韬光养晦之策，缓称王并不是不称王，只是要求等到适当的时机才亮出底牌。这样做的好处在于表面上却给人一种胸无大志，不思进取的印象。

结果，它既降低了朝廷对于朱军的关注程度，使得元军没有将这支队伍作为主要的剿灭对象，又避免了各路义军的嫉妒心理，使得他们不将朱元璋视为图谋天下的心腹大患，为朱元璋创造了暗自壮大的机会。

相反，那些狂妄自大的称王者，则在元军和义军、义军与义军之间频繁厮杀中，实力耗尽。像实力雄厚的徐寿辉、张士诚、小明王所部都是在称帝后遭受重创的。

而当朱元璋羽翼丰满之后引兵南征北伐时，已经没有多少强有力的对手了。

实际上，在历来的古代智慧里，都极力反对狂妄自大。

无论是道家还是儒家，都主张"大智若愚"，而且要"守愚"。

"守愚"的含义是什么？就是丢弃狂妄！孔子的弟子颜回会"守愚"，深得其师的喜爱。他表面上唯唯诺诺，迷迷糊糊，其实他在用心功，所以课后他总能把先生的教导清楚而有条理地讲出来，可见，"若愚"并非真愚，只不过是不可以显示，不张狂惹事罢了。

洛克菲勒谈到他早年从事油业时，这样说过："当我的事业开始有些起色的时候，我入睡时，总是这样对自己说，'现在你有了一点点成就，但千万不能因此而狂妄，否则，你会因为站不稳而跌倒的。你一旦有了开始，便很容易全然以为自己是一个大商人了。你小心冒进，否则你会神志不清。'我觉得对自己这样恳切的谈话，影响了我的一生。我担心自己经受不住成功的冲击，便训练自己不要为一

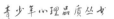

些愚蠢思想所蛊惑，自以为多么了不起。"

　　他之所以这样告诫自己，也是因为他懂得谦虚使人进步，狂妄使人倒退的道理。

　　由此可见，狂妄对于一个人是多么的可怕，可以说，它是我们通往成力路上最大的绊脚石。

　　许多曾经努力奋斗的人都是跌倒在这块石头上，他们也曾经战胜过无数的艰难困苦，他们也曾经有着顽强的意志和毅力，他们也曾经披荆斩棘，使许多看起来不可能的事情变成了现实，但是，面对小小的成功的时候，他们经受不住考验了，他们无一例外，都被狂妄这块绊脚石绊倒，最后前功尽弃，可悲地走向灭亡。

　　当我们开始取得成功时，能够在成功面前保持平常心态，并不因此而狂妄，那我们应该感到很幸运。对于每次的成功，我们都要视其为一个新努力的开始，要在将来的光荣上生活，而不要在过去的冠冕上狂妄，否则终有一天你会为此付出代价。

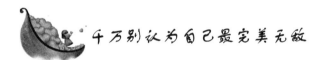

## 千万别认为自己最完美无敌

　　在我们的生活中总是存在着这样一种现象：周围总有一种人，他们总是想要迫使别人接受自己的意见，因为他们总是认为只有他们自己是正确的而别人都是错误的。别人如果不能同意他的观点，他便会因此而显得十分不满甚至是愤怒。

　　因为他们被这种想法左右，致使他们以为自己是最完美无敌的。在他们的心中自己应该是永远的"赢家"，但事实上，因为他们看不到自己的缺点，也就没有了改进的余地，致使在通往成功的路径上设下了障碍，无形之中搬起石头砸了自己的脚。

　　我们每个人的身世与环境不同，因而对于同一事物，我们的观点也会是千差万别的，意见也是各种各样的。

　　这时，就需要我们虚心地听取旁人的观点，综合利弊，最后决定谁对谁错；相反，如果固执己见，就会阻止自己的成长和进步，

酿成悲惨的下场。

如何去避免固执己见呢？

答案很简单，只要你肯接受别人的意见，听听别人的想法，只要肯向别人伸出友谊的手，学习别人的长处，就可以走出你心里的死胡同。

因为固执己见是一种消极的癖性，心胸开阔是治它的最好的良药。

我们看那些最终成功了的人，都普遍有一个共同的优点，即能够虚心地接受别人的意见。

他们很多时候都懂得倾听，不断地接受、采纳各种意见，他们不怕被下属左右，相反，他们认为被下属左右更好，更能广泛听取、接受意见。

他们也不在乎接受别人的意见影响自己存在的价值，公司是大家的，只要对公司有益就可以接受，而唯一要做到的就是对众多的意见进行比较、鉴定，以其是否有价值为标准来取舍。高明的领导偏爱那些敢于直言的人，尤其是重用那些当初建议未被采纳而被实践证明是正确的下属。

美国 19 世纪诗人罗威尔说过的一句话："只有蠢人和死人，才永不改变他们的意见。精明的人都懂得去改变。"

道理很简单，因为生命就是时刻不停地在变化，自然界因四季的变换而依序进展，我们也随时间的流动而时刻变化，这一点我们是无法抗拒的。

而你若想要想从有限的生命中求取更多的生活，你就必须要从小开始革除顽同、刚愎、忌妒与惰性的缺点，因为这些缺点能使你丧失抵抗力，最终走向灭亡，只有保持谦卑，懂得接受别人的意见，你才能走得更远，飞得更高。

当然，有些人可能会不服气，认为不接受别人的意见也是一种自信的表现。

其实，我们应当相信自己，假使你连自己都不相信，这个世界上还有什么值得你信任的呢？

只有相信自己，才会建立起成功的信心，才会取得成功。

很多人不自信是因为自卑心理，自己认为自己不行，自己都放弃了希望，那么又能期望从别人那儿获得希望吗？

所以我认为相信自己是取得成功的基石。但这并不代表我们可以拒绝听取别人的意见。"走你自己的路，让别人说去吧"听起来固然十分潇洒，但没有人能够真正做到。

诚然，我们应当坚持自己的信念，不为外人所干扰，但当别人是真诚地向你提出建议时，我以为我们应当虚心接受。

相信自己而不盲目自信，谦虚地接受别人意见而不盲目听从，要充分地了解和认识自己，知道自己的能力和擅长的方面，在能够自信并且擅长方面充分地相信自己，而在不太了解的领域或是不太懂得的时候适当地听取他人的意见，结合自己的想法作出正确的判断。

千万不要因为惧怕别人给了自己错误的意见而关闭掉"进谏之门"，即使接受了错误的意见也是必要的。因为接受别人的意见可以让他们获得被认同的感觉，你的虚心会极大地赢得他们的好感。

一味地坚持自己和一味地相信别人，都不是正确的处世态度。正确的态度应该是首先认知自己的位置和想法，再仔细地思考他人的意见，将相信自己与听取别人的意见结合起来，然后迈出你人生的脚步。

如果你能这样去做，那么脚下的玫瑰之花一定会更加芬芳！

人生的道路十分漫长，前进中布满了荆棘。

如何迈每一步都要我们自己作出抉择。我们必须依靠自己，必须相信自己踏出的每一步都是正确的，并无悔地走下去。我们不能依靠他人，但我们可以征求他人的意见，寻找最好的方法。

在成长的过程中，我们已经逐渐明白如何相信自己，正如听取别人善意的建议那样，我们走着自己的道路，接受别人理性的指正，道路似乎不再崎岖，我们仿佛可以看到彼岸的希望。

不怕输才会赢

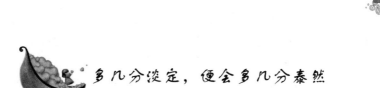

# 多几分淡定，便会多几分泰然

淡定是一种思想境界，是一种心态，是生活的一种状态；淡定是内在心态的修炼到一定程度所呈现出来的那种从容、优雅的感觉。我们每个人都需要这种心态。

只有拥有这种心态，我们在生活中无论遇到什么情况都会处之泰然，宠辱不惊，不会太过兴奋而忘乎所以，也不是太过悲伤而痛不欲生。

古人讲"不以物喜不以己悲"，其实就是一种淡定的态度。

每个人的生命存在方式都是不同的，你只能以自己的方式为人，以自己的方式处世，不论好与坏，你只能在属于自己的天地中耕耘，只能在自己的生命中奏出自己的乐章。

所以，在这个世界上，本来就没有什么东西值得你的情绪太过激动。

记住：淡定是一个人的美德，淡定的胸怀能包容一切。在生活中多几分淡定，便会多几分泰然。记得看过这样一个故事：

有一个人想要报复他的邻居，于是，一天早晨，他趁大家还没有起来的时候，拎着一堆垃圾走向那个邻居的家门，他的目的是想要好好臭臭那个邻居。

谁知，这一路上，他被自己的垃圾熏得喘不过气来，这时他才明白：对待生活，不要那么斤斤计较，要学会原谅他人，要学会以一种淡定的态度对待生活，想要整别人，结果，往往是自尝苦果。

比如在拥挤的公共汽车上，有人踩了你一脚，这时你的反应是怎么样的呢？是淡然地说一句"没关系"，还是火冒三丈，把对方大骂臭骂一顿呢？

当然，此时你的处境我们可以理解，车挤，开得慢，对于着急上班的人来说本来就有说不出的火，再加上脚火辣辣地疼，能不火大吗？可是争吵又有什么用？它只能把你的烦躁发泄传染给别人。

第十章　谦和淡定：赢得人生的精彩

221

同时，别人也会变得更加烦躁，结果两人大打出手，恶语伤人，本来一件小事，造成这样的后果，即使你能在与别人的口角中占到便宜，你也还是输了风度。

相反，假如此时你拥有淡定的情绪，你就能够为彼此着想，化干戈为玉帛。

当然，淡定并不是说要让一个人全无感情，无喜无悲，那是有违人性法则的悖论。

对于我们来讲，淡定就是要让自己在面对事情的时候，能够冷静地去权衡利害关系，而不是被自己的负面情绪完全主宰了自己的行为。

如果你能多淡定些，肯定就会少做许多让你后悔的事情，如此，你从苦恼中解脱出来的时间就能减少一些，受的伤害就会少一些。网络上有句话说："看得开一点，伤就少一点。"这里的"看得开"，指的就是淡定。

这里有一个"淡定"的故事：

有一位员工，曾经因得罪领导而被调到离家较远的郊区工作。而此时他已年过半百，每天还得骑两小时自行车才能到单位，所以很是吃不消。

开始时他对领导的这一决定很是火大，逆反心理极重，总是去总部要求换个离家近点的单位。

此时他感觉这个世界太不公平了，没有地方可以让他说理去！可是由于得罪了领导，他调回总部的想法只能是泡影了。

他问自己该怎么办？难道就一直这样逆反下去吗？摆在他面前的只有两条路，要么辞职，要么适应。但是，老人的家庭情况并不乐观，老伴的身体越来越不好，家里很需要钱。

最后，他选择了主动去接受，他对自己说：既然选择不了，那就接受好了！他看开了。

此后，他每天都带着一个愉快的心情早起上班，路上他尽情地呼吸着清新空气，欣赏着田园风光，聆听着鸟儿的鸣叫，这样，他脚下这段路程显得也不再那么漫长了，他的心情也不那么糟糕了，反而感到十分愉快，到单位后精神抖擞地投入到工作之中。

一年后，由于他的表现出色，被提前提拔回总部，而且升官提薪。

此事让他深有体会，感慨万千。让他最深有体会的就是凡事都要看开，这里的"看开"指的就是"淡定"二字。

从此，他经常告诉他的下属："无论何时都要保持淡定，只有淡定才能让自己平静，而只有静下来才有思考的空间，才能正视现实，并从中发现事情有利的一面，才能成功地走出消极逆反的恶性情绪的旋涡，找到快乐的一面。"

淡定并不是让你消极被动，淡定是让我们对待困难与逆境时保持一颗冷静乐观的心。

对于生活中的一些事，我们是不能不认真对待，据理力争的。对生活中的某些人，我们也不能不闻不问，任其肆无忌惮，那不叫淡定，那叫冷血无情。

但是，假如我们在面对种种的不幸时，能够从容地一笑置之，那么，这样你就做到了淡定。

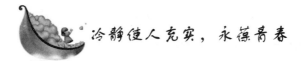

## 冷静使人充实，永葆青春

思想家说，冷静是一种美德；教育家说，冷静是一种智慧；艺术家说，冷静是一种魅力。

可见，冷静其实是一种风度，更是一种品格。受挫时要保持冷静，即在冷静中镇定反省；成功时更需要冷静，即在冷静中寻找新的起点，创造更大的辉煌。

冷静与思考孪生，它使人深邃，催人成熟；冷静即力量，它使人充实，永葆青春。

西方有这样一则寓言：

一只狮子被猎人捉来后扔进笼子里。

一只蚊子飞过这里，看到了在笼子里面不停地走来走去的狮子，问："你这样走来走去有什么意义？"

狮子回答说："我在找我能够逃出去的路。"狮子怎么也没有找到逃出去的路，于是它躺下来休息，不再去想逃走的办法。

蚊子还在那里着急，继续问狮子逃出去的办法。

狮子无精打采地说："我现在在休息。因为我找不到逃出去的办法，所以还是耐心地等待机会吧。"

当蚊子还想问时，狮子终于发火了："你总是这样问来问去的有什么意义？我始终都清楚自己在想什么，在干什么，因为我一直保持着清醒，实在逃不出去我也没有办法，我已经尽力了，不像你只会问来问去的！"

虽然狮子最终也没有逃过被杀死的命运，但是它却始终保持了清醒的头脑，这样至少它不会感到遗憾，因为该想的办法该作的努力，它都已经试过了。

人类也应该这样，也需要始终保持清醒的头脑，只有这样，一生才能无所遗憾与牵挂，才能够清醒地认识自己。因为这将有利于我们更好地完善自己，实现人生的全部意义。

有句话是这样说的："冷静质疑是理想的筋骨。"保持冷静质疑的态度也是清醒的表现，人生中最大的痛苦就是糊涂一生，虽然有时会说糊涂也是一种幸福，但更多的则是悲伤与苦涩。

古今中外，因为不冷静而铸成大错的例子不胜枚举。

著名的俄罗斯诗人普希金就是一个遇事不够冷静的典型：当听说自己的情人被他人纠缠时，冲动地找他的情敌比剑，结果白白断送年轻的性命，成为世界文学史上重大的损失。

《三国演义》中的关羽也是由于不够冷静，不能对当时的战场情况进行正确的分析，一味蔑视敌人，结果兵败走麦城，死于无名小卒的绊马绳索之下。

在著名的爱情故事《罗密欧与朱丽叶》中，朱丽叶也是因为看到自己的爱人死于毒药之下而不够冷静，冲动地喝下了毒药，结果，爱人醒来，她却死去，空留悲切！

人类有一个有趣的特征，那就是越到需要紧迫作出决定的时候，思想越容易混乱，有的人的思维干脆已经不再反应了，汉语中的"惊呆了"、"急蒙了"、"惊慌失措"等词汇，就是对这类情形的恰当形容。

因为这种惊呆和急蒙，很多不幸就这样发生来了。假如在这时你能有冷静的情绪、清醒的头脑的话，很多危险都是可以杜绝和化险为夷的。

就像伟大的军师诸葛亮一样，司马懿重兵于城前，他却能够保持冷静的头脑，上演一出"空城计"，令司马懿狐疑不敢前行，最后退去。这是何等的冷静和睿智！

无数事实告诉我们，越是在危急的时候，就越需要冷静。

假如你的生活中出现了重大的变故，你一定要保持镇静，至少看上去是镇静的。因为惊慌是带有传染性的，你会把这种坏情绪传染给你身边的人，这样，他们会更加惊慌，如此这般很容易形成恶性循环，甚至造成很严重的后果。

青蛙王国的国王要为女儿选纳贤婿，要求就是通过组织一场攀爬比赛，第一个爬到塔顶的青蛙就会得到貌美如花的青蛙公主。群蛙纷纷报名，场面甚是热闹。

这是一个非常高的铁塔，仰头都看不到它的顶端，仿佛直插云霄一样，看一眼就让人感觉头晕目眩的。围观的群蛙纷纷议论着爬塔难度太高，不可能成功。

比赛开始了。

这个铁塔很难爬，又陡又滑，一不小心就会丧命，再加上群蛙不停地议论，所以，还没开始，就有一些青蛙泄气退出了比赛，仅有情绪高涨的几只还在往上爬。

群蛙继续喊着"太难了，不可能爬上塔顶的，会丧命，赶紧下来"。就这样，越来越多的青蛙累坏了，退出了比赛。

最后，仅有一只却还在越爬越高，一点没有放弃的意思。终于，他成为唯一一只到达塔顶的胜利者。

他哪来那么大的毅力爬完全程的呢？难道他不知道爬塔很危险吗？难道他没听到塔下群蛙的议论吗？

大家议论纷纷，胜利者却置若罔闻。

这时大家才发现，这只抱得美人归的青蛙原来是个聋子！

聋子之所以能够坚持到最后，就是因为他没有被周围的恐慌气氛所影响，保持着冷静的态度。

这就说明，其实大部分时候我们所面临的处境并没有那么可怕，但是不冷静的流言却放大了恐惧，使我们总是生活在恐慌之中。

由此可见，冷静是多么可贵的东西！

那么，当我们在生活中遇到难题的时候，该如何保持冷静，克服内心时常产生的烦恼情绪呢？下面我提几条比较实用的方法：

方法之一，给不冷静的想法灭火。

当你面临危急时刻，你会心生不满，是因为你对身处的状况做出了不利于自己的评价。例如："他迟到那么久，根本就是不在乎我！""他是故意伤害我的感情！"这么一想，当然怒不可遏，心情立刻愤愤不平。

在这个"动念发火"的当下，只要能多一分自我觉察的功力，在心中跟自己做起辩论："且慢，这个解释真是唯一正确的答案吗？"

于是你心中产生其他的想法来作解释："也许他是不得已才迟到的！""恐怕是我错怪了他！"就能成功地发挥第一道防火墙的灭火功能，而不至于失去理智。为从，你必须拥有良好的自觉能力，以及具备同理心和善意解读世界的能力。

方法之二，给不冷静的冲动灭火。

万一你没来得及拦截住心中负面的情绪，出现了情绪爆发的状况，这时就会产生一些想冲动的念头："我就要给你点颜色瞧瞧"，"我豁出去了，不让你难受，我誓不罢休"。

经验告诉我们，即使再温柔和善的情商高手，也曾有过不理性的冲动念头：我真想打人！

这个蠢蠢欲动的当下，我建议你跟自己的心喊话："再等一下就好"，然后开始在心里如此默默数数："1、2、3、4……"以此活络大脑的理性中枢，而其他的理性想法也就能跟着出现："等等，这么做并不能真正解决问题"，由此便能悬崖勒马，不致冲动行事。

方法之三，给不冷静的行动灭火。

抓狂，是一种极端状态，急需理性地控制。万一你已经开始了非理性的行动，只要不放弃，你仍然是冷静有望的。

例如，一旦意识到自己言行失态，就要考虑到自己的格调"这实在不像我",以及对方所受的身心创伤,"天哪,他会被我打伤",这样,一般来讲就能立即停止动作,避免造成更进一步的伤害。

只要你我做好情绪的消防检查,了解自己哪一道防火墙仍待加强,对上述三个方法多加练习后,就能为失去理想的激情灭火,达到随心所欲而冷静自在的境界。

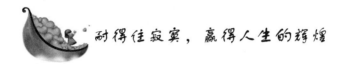

## 耐得住寂寞,赢得人生的辉煌

曾经有新闻报道,香港青年女摄影家李乐诗,背负行囊睡袋,独自漫游世界。

这件事情引起了媒体的关注。很多人看过报道后都不约而同地产生一个质疑:她就这样一个人走在旅途上,难道不会感到寂寞吗?

带着这个问题,有位记者对李乐诗进行了采访。谈笑间,李乐诗严肃而干脆地回答记者,她是孤独,甚至感到寂寞,但是她说,只有孤身一人的时候,才有足够的空间专注于她的摄影。

其实,李乐诗的回答深刻地道出了生命的真谛:生命是一首承载寂寞的乐章!

王国维在《人间词话》里就曾经说过:"古今之成大事业、大学问者,必经过三种境界:'昨夜西风凋碧树,独上高楼,望尽天涯路',此第一境也;'衣带渐宽终不悔,为伊消得人憔悴',此第二境也。'众里寻他千百度,蓦然回首,那人却在,灯火阑珊处',此第三境也。"

第一境界"昨夜西风凋碧树。独上高楼,望尽天涯路"。这可谓人生寂寞迷茫、独自寻找目标的阶段。

第二境界"衣带渐宽终不悔,为伊消得人憔悴"。这可谓人生的寂寞追求阶段。

第三境界"众里寻他千百度,蓦然回首,那人却在,灯火阑珊处"。这可谓人生实现目标的阶段。

由此可见,大凡成功者都是孤独而执著的。只有能够耐得住寂

寞，才能取得成功。

在人生的长河中，你要懂得既有欢乐和愉悦，也会有孤独、寂寞和焦虑。寂寞就如同喜怒哀乐一样，时刻伴随着我们。

而只有经过寂寞洗礼的人，才能懂得人生的真谛。因为人只有在孤独的时候，才会清醒地看清自己，才能对自己有一个全面而客观的评价。

那么，我们应该怎样去正确对待寂寞，耐得住寂寞呢？其实很简单，这关键取决于我们对寂寞的认识和追求成功的动机。

比如对于一个胸无大志的人，想要让他耐住寂寞好像是不大可能的，但是，假如你有着高尚的思想境界，有着追求事业的良好心态，那么，你就能够在纷繁复杂的生活中保持本色，踏踏实实地干好工作，认认真真地做好事业。只有耐得住寂寞的考验，你才会对生活中的痛苦和快乐有所感悟，精神灵魂才会得到升华，最后才能在寂寞中创出自己的一番成绩。

对于寂寞，西方哲学家说过，"世界上最强的人，也就是最孤独的人。"中国的古语也说过："居不幽者思不广，形不愁者思不远。"意思就是：只有耐得住寂寞和孤独才能达到智高者的境界。也就等同于王国维的那三种境界。

当然，这些智者的孤独寂寞并非消极避世，而是为了更好地积极入世。因为他们懂得一个道理，那就是寂寞能造就大师，这是因为只有摆脱虚浮、繁杂的困扰后，人的心灵才能得到净化，思想才能自由地翱翔。

古往今来，能够耐得住寂寞，甘于淡泊，沉潜书斋的学者名流比比皆是，他们的成功无不来源于他们那颗勇于承载寂寞，超尘脱俗的心。他们在寂寞中保持了一颗平常心，在变幻莫测的社会生活中找到属于自己的坐标，因而他们从不沉沦，发愤图强，最终才能成就属于自己的一番事业。

假如一个人不能守住寂寞，他的内心就不会平静，处于浮躁状态下的这个人就会将所有本来美好的事物蒙上主观偏见的色彩，这也看不惯，那也不顺眼，怨天尤人，牢骚满腹，甚至产生逆反心理，更有甚者，很可能遇到重挫后就一蹶不振或走上歧路。

不怕输才会赢

228

你要懂得，寂寞并不是凄凉，更不是悲哀。真正的悲哀是把生命和精力花在哗众取宠的闲聊和茶楼酒馆的应酬之中。而孤独和寂寞有利于养生，可谓是一剂养生良药。

美国科学家就曾经做过一项长时间的调查，调查结果发现，能忍受孤独寂寞的人，他们患心脏病、高血压病和癌症等与精神有关的疾病的概率比一般人要少30%。

另外，中国古代的医书中，也强调了"静养"的必要。这个"静养"，其实指的就是调整心态，通过适应孤独寂寞的环境，颐养身心。

孤独寂寞还利于自我设计自我塑造。可以说，孤独寂寞是一把双刃剑，它既可以成就一个人，也可以毁掉一个人，关键是看我们怎么对待。

假如你能够在寂寞中反省自己，在寂寞中对自我进行总结和规划，那么你就会超越自我，超越时空的局限，就会体验到一种深刻的、高尚的、永恒的充实和快乐，就会进入到自我追求的更高的境界。成功就始于这种寂寞中的自我设计和塑造。

你要相信，所谓的天才都是由寂寞造就的，正所谓"天才来源于寂寞"。因为只有你处于真正的寂寞状态的时候，你才可以比较客观全面地审视自己，才能不被外物所累，才能不被糖衣炮弹所诱惑，才能不被他人的言论而左右。

在当下这个灯红酒绿的社会中，又有几人可以做到耐得住寂寞，坐得住冷板凳呢？比如有些稍有名气的学者，在取得某项优秀成果后，就耐不住寂寞和淡泊了。他的重心也不再是搞学术科研了，而是把重心转移到了各种社会应酬，开始被各种虚荣的假象蒙住了前行的双眼。当然，他们的学术成就也就仅此而已了，根本不可能有任何的提高，有的甚至走上了下坡路，最后不免上演"伤仲永"的悲剧。

著名画家刘海粟就曾经对那些耐不住寂寞的人提出过忠告。他曾经针对学术界这种虚荣之风严厉地提出批评，他告诉那些人："越怕寂寞的人，将来就会很寂寞！"

刘大师说得太对了！因为你耐不住寂寞，稍微有一点成绩就骄傲，使你把时间和精力都花在热闹场所，这样你就没有时间读书，没有时间研究自己的学问，那么时间长了，你的学术之锁就会长满锈，以致难以打开，最后只能是自食恶果，断送前程。

当然，我们所说的孤独、寂寞，并非消极的遁世之法，而是积极的人世之道。

我们要你做的是学会承载寂寞，无论何时，保持内心的平静；我们并不是要你搞自我封闭，拒人于千里之外；我们是要你放弃那些耗费青春和生命的那些无聊的应酬和闲扯，以及过度的娱乐；我们是要你集中精力，凝聚活力，专注于自己的梦想，以含辛茹苦的艰苦搏击，赢得人生的辉煌。

耐得住寂寞，是汗水、精力、心血的凝聚，是集中力量、倾心投入、超常努力、艰辛搏击后的馈赠，只有能进入孤独境界的人，才有机会进入大创造；只有能忍受寂寞的人，才有无限辽阔的精神空间；只有耐得住寂寞，才能一往情深，勤苦专注于求知，增强自己的功底和才华，取得人生交响乐中最可贵、最震人心弦的华美篇章。

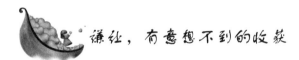

## 谦让，有意想不到的收获

很多人一听到谦让这个词，就会不自觉地想到懦弱。大多数人为了证明自己并非懦弱，常常选择去争：在公交车上争一个座位；在单位里争权夺利；在家里与妻子争地位。

如果不争，他们就感觉到失去自尊，仿佛只有争，才能证明自己的尊严。其实，人的一生中，有的事谦让一步，你可能会得到更多。

有这样一个故事：

有一天，A 先生开着他的黑色蓝鸟到小区的地下车库停车时，发现一辆白色的雪铁龙停在他的车位旁边，而且与他的车位靠得特别近。

为什么总是挤靠我的车位？A 先生生气地想，随即朝白色雪铁龙车的车门狠狠地踢了一脚，车门上立即留下了一个清晰的脚印。

一天傍晚在停车场，当 A 先生正想关掉发动机时，那辆白色雪铁龙也恰好开了进来，驾车人像以往那样把车紧紧停靠在 A 先生的车旁。A 先生一见，气不打一处来，加上他正患着感冒，头疼得厉害，下班前又被领导批评了一顿，一肚子气正没地方发泄。于是，A 先生恶狠狠地对着雪铁龙车里的人大声喊道："喂，你的眼睛是不是出了问题，有像你这样停车的吗？"

那辆雪铁龙车的主人也不甘示弱，十分生气地说："你和谁说话呢？你以为你是谁？这地方我交了钱，我想把车停在哪里就停在哪里！别那么多废话！对了，上次我车上的那个脚印是你踢的吧？以后少干这种缺德事，不然，你的车上会留下更多的脚印，甚至是你的身上！"

听到这些张狂的话语，A 先生一直怀恨在心。

第二天，当 A 先生回家时白色雪铁龙还未回来。这一下，A 先生也把车子紧挨着对方的车位停下来，也没给对方留一点回旋的余地。

但接下来的几天，白色雪铁龙车每天都先于 A 先生回来。白色雪铁龙的车主暗地里和 A 先生较着劲，弄得 A 先生苦不堪言。

如果长期这样"冷战"下去怎么办？A 先生眉头一皱，便有了一个好主意。

早晨，当白色雪铁龙主人准备坐进他的车子时，就发现挡风玻璃上放着一个信封，信中写道："亲爱的白色雪铁龙，真是非常抱歉！那天，我家的男主人向你家主人大喊大叫，还曾对你有过不文明的行为，现在他正为自己的粗暴行为深感后悔。其实，我家主人心眼并不坏，只是脾气躁了点，加之那天他正好在公司被领导猛批了一顿，心情很糟糕，因此，给你和你的主人带来了伤害。在此，我希望你和你的主人能够原谅他——你的邻居黑色蓝鸟。"

隔了一天，当 A 先生准备打开车门时，一眼就发现了自己车子的挡风玻璃上有一封信。A 先生连忙拆开信，信中写道："亲爱的黑色蓝鸟，我家的主人这段时间失业了，因此心情郁闷，而且他只是刚刚学会驾驶，所以总是没把我停放好在自己的位置上。我家主人很高兴看到你写的信，我相信他也会成为你们的好朋友——你的邻居白色雪铁龙。"

从那以后，每当黑色蓝鸟和白色雪铁龙相遇时，他们的主人都会愉快地向对方打招呼。

这个故事要阐释的道理再简单不过了：你若处处争强好胜，免不了会处处碰壁。

不懂得让步所带来的恶果，有时是当事者自己都难以预料的，当恶果发生时，就只能暗自后悔了。

而双方如果都退一步，则大家都舒心，事情也会往好的方向发展。

所以，学会让步，是一种智慧；而懂得让步的人，一定是一个智慧之人。

在生活中，没有人能够做到不与别人发生碰撞。用争斗的方法，你永远无法得到满足，但用让步的方法，你可能收获更多。

当你遇到美味可口的佳肴时，要留出三分让给别人吃，这是一种美德。

路留一步，味留三分，是提倡一种谨慎的利世济人的方式。

在生活中，除了原则问题须坚持外，对小事、个人利益，互相谦让，会使人保持身心愉快。

清康熙年间，人称"张宰相"的张英与一个叶姓侍郎毗邻而居，叶家重建府第，将两家公共的弄墙拆去并侵占三尺，张家自然不服，引起争端。张家人立即发鸡毛信给京城的张英，要求他出面干预。

张英却在回信中作诗一首："千里家书只为墙，再让三尺又何妨？万里长城今犹在，不见当年秦始皇。"

张老夫人看见即命退后三尺筑墙，而叶家深感歉意，也退后三尺。两家之间由从前三尺巷形成了六尺巷，被百姓传为佳话。

由此可见，本是"争"的情形，由于谦和礼让的出现而使矛盾化解，免去了不必要的争斗，甚至使对手变手足、仇人变兄弟。

相反，得理不让人，让对方走投无路，有可能激起对方"求生"的意志，甚至可能是"不择手段"，对自己造成伤害。

好比老鼠关在房间内，不让其逃出，老鼠为了求生，会咬坏你家中的器物。放它一条生路，它逃命要紧，哪里还顾得上搞破坏。对方"无理"，自知理亏，你在"理"字已明之下，反退一步，一般人多少都会心存感激。就算不如此，也不会再有无理的行为。

这就是人性。得理让人，不仅是一种积蓄，更是一种财富。

谦让绝非一味让步，不要忘记精确的计算：即使终身让步，也不过百步而已。

也就是说，凡事让步表面上看来是吃亏，但事实上由此获得的收益要比你失去的多。

这正是一种圆滑的、以退为进的明智做法。

世界很大也很小，山不转水转，你今天得理不让人，孰能料他日狭路相逢。

若那时自己处于劣势，他人处于优势，你还如何让人得饶人处且饶人？

世事盛衰无常，今天的朋友，也许明天成为陌路；而今天的对手，也可能成为明天的朋友。

世事一如崎岖道路，困难重重，因此走不过的地方不妨退一步，正如"忍一时风平浪静，退一步海阔天空"。让对方先过，哪怕是宽阔的道路也要留给别人足够的空间，你会发现，为他人着想也是为自己留条后路。

233